AF534461

VOGEL
WELTEN

VOGEL WELTEN

Expeditionen ins Museum

Klaus Nigge
Karl Schulze-Hagen
Jürgen Fiebig

KNESEBECK

INHALT

VORWORT

Meine Führungen hinter die Kulissen, also in den nichtöffentlichen Teil des Museums für Naturkunde Berlin, bringen mich immer auch in die Vogelsammlung. Die auf kleinen Ästen montierten historischen Vogelpräparate in ihrer eingefrorenen Haltung lassen niemanden unberührt. Die einen finden es leicht morbide, die anderen spüren die Aura, die diese Präparate verströmen, wieder andere sind schlicht von der ungeheuren Vielfalt überwältigt und fasziniert. Kaum jemand ahnt vor dem Betreten des Sammlungssaals, dass sich hinter der öffentlichen Ausstellung ein solcher Schatz versteckt, dass die Besucher von Millionen Tieren umgeben sind, wenn man alle Sammlungen des Hauses berücksichtigt.

Naturkundliche Sammlungen sind aber mehr als nur riesige Ansammlungen von mal älteren, mal neueren, mal ganz neuen, mal leicht gruseligen, mal spektakulären Tierpräparaten. Naturkundliche Sammlungen sind ein Archiv des Lebens, des früheren und des heutigen. Sie sind herausragende Schatztruhen der Biodiversität. Die Entwicklung der Lebenswissenschaften spiegelt sich in ihnen wider. Generationen von Wissenschaftlerinnen und Wissenschaftlern haben an ihnen geforscht.

Weit wichtiger als dieser historische Aspekt ist jedoch die Bedeutung der naturkundlichen Sammlungen für die Zukunft. Sie sind die Grundlage für Forschung, die uns hilft, die Zukunft aus Vergangenheit und Gegenwart zu prognostizieren. Was erst einmal nur wie historisches Material wirkt, entpuppt sich dabei als hoch wertvolle, einmalige Belege für Evolution, für die Anpassung der belebten Natur an die sie umgebenden Umweltbedingungen. Das erlaubt Antworten auf Zukunftsfragen wie: Wie wird sich die biologische Vielfalt angesichts der vom Menschen vorgegebenen neuen Umweltbedingungen verändern? Und wie lässt sich die Biodiversität erhalten und schützen, was müssen wir tun, damit wir sie nicht verlieren, mit allen katastrophalen Folgen, die das auch für uns Menschen zeitigen würde?

Doch zurück zur Vogelsammlung des Museums für Naturkunde Berlin. Mit ihren weit über 200 000 Exponaten ist sie die größte Vogelsammlung im deutschsprachigen Raum und eine der bedeutendsten Vogelsammlungen weltweit. Sie umfasst eine ungewöhnlich hohe Anzahl verschiedener Arten und rund 5000 Typusexemplare, also Urmeter für Vogelarten. Neben den Einzelsammlungen bedeutender Sammler beinhaltet sie Highlights wie Jakob, Alexander von Humboldts Papagei, der ihn dreißig Jahre lang begleitet hat und auch in diesem Buch hier einen Auftritt hat.

Aus der herausragenden Bedeutung unserer Sammlung, nicht nur der Vogelsammlung, ergibt sich eine große Verantwortung und die Pflicht, sie bestmöglich zu erhalten und zu erschließen. Es ist also alles andere als ein Zufall, dass ein ganz wesentlicher Teil der Finanzmittel, die das Museum für Naturkunde Berlin für seinen Zukunftsplan eingeworben hat, in die Pflege, Erschließung und Entwicklung seiner Sammlung geht. Innerhalb von gerade einmal zehn Jahren sollen dabei alle seine Sammlungsbestände, wir sprechen von rund 30 Millionen Sammlungsobjekten, konservatorisch behandelt, digital erschlossen und optimal untergebracht werden. In geradezu industriellem Maßstab gilt es dabei, enorme Mengen an Sammlungsdaten digital aufzunehmen, aufzubereiten und zu speichern. Gleichzeitig müssen die empfindlichen und einmaligen Sammlungsobjekte behutsam konservatorisch behandelt werden. Mit der Umsetzung seines Zukunftsplans und der zugehörigen Entwicklung neuer Methoden und Verfahren übernimmt das Berliner Museum eine Vorreiterrolle für alle Museen mit naturkundlichen Sammlungen.

Das vorliegende Buch möchte seinen Leser:innen Einblick in die Welt der wissenschaftlichen Vogelsammlungen bieten und exemplarisch deren Entstehung, Funktion und einmalige Bedeutung erklären. Dank der großartigen Fotografien von Klaus Nigge und der begleitenden Texte von Karl Schulze-Hagen und Jürgen Fiebig ist dies eine einzigartige Reise in Schatzkammern des Lebens, zu der ich Sie hiermit alle herzlich einlade.

Prof. Johannes Vogel, Ph.D.
Generaldirektor des Museums für Naturkunde Berlin

Drosseln

Grasmücken

VOM FORSCHEN

erythrogaster

Thamnophilidae
Formicariidae
Rhinocryptidae
Pycnonotidae
Turdidae
Turdidae
Cardinalidae
Thraupidae
Dicruridae

Wir und die ausgestopften Vögel

Einblick in die Museumswelt

»Das sind ja Tausende von toten Vögeln«, werden wohl die meisten Besucher denken, die während einer Langen Nacht der Museen die Gelegenheit nutzen, an einer Backstage-Führung in den nichtöffentlichen wissenschaftlichen Sammlungen der Naturkundemuseen teilzunehmen. Mit der erstaunten Reaktion geht auch ein kleiner Schauer des Entsetzens einher. »Warum ist so was nötig?«, ist eine berechtigte Frage an die Ornithologen, wie Vogelkundler in der Fachwelt heißen.

Seite 12: Schrank mit Singvögeln im Vogelsaal des Museums für Naturkunde in Berlin.

Unten: Otto Natorp um 1906 mit der Vogelflinte, die noch Anfang des 20. Jahrhunderts zum obligaten Zubehör eines Vogelforschers gehörte.

Rechte Seite: James Chapin 1914 bereits mit Fernglas auf Expedition im Kongo. Das Fernglas wurde im frühen 20. Jahrhundert zum wichtigsten Utensil der Ornithologen und löste die Flinte bald ab.

Die Antwort auf diese Frage gehört an den Anfang dieses Buches. Denn den meisten Menschen geht das Verständnis dafür ab, dass Vögel für die Wissenschaft um ihr Leben gebracht werden mussten und dies auch weiterhin erforderlich ist. Wer bringt es denn übers Herz, einen Vogel zu töten? Es reicht doch völlig, jeden noch so weit entfernten Vogel mit Fernglas oder Spektiv »heranzuzoomen«, ihn mit Foto- oder Filmkamera, ja mit dem Smartphone abzubilden und nebenbei noch seinen Gesang aufzunehmen. Das ist so einfach – und der gelbe Punkt hoch oben in den Baumwipfeln entpuppt sich beim Blick durchs Okular als Pirol. Mancher jugendliche Birder, also Vogelbeobachter, drückt inzwischen nur noch auf den Auslöser der Kamera und bestimmt anschließend den Vogel auf dem Display, ohne ihm auch nur die kleinste Feder gekrümmt zu haben.

Solch technologischer Luxus, der heute selbstverständlich ist, war vor hundert Jahren nicht vorstellbar. Da blieb der gelbe Punkt im Baumwipfel ein unerreichbares Fragezeichen, außer man schoß ihn. Es gab keine Alternative dazu. Lag der erlegte Vogel in der Hand, dann konnte man ihn nicht nur aus nächster Nähe betrachten und bestimmen, sondern ihn auch noch in all seinen Details mit den Fingern untersuchen (und vielleicht hinterher verspeisen). Das müssen wir bedenken, wenn wir mit der Fülle von Vogelbälgen in der wissenschaftlichen Sammlung eines Naturkundemuseums konfrontiert sind. Wir müssen uns in die Zeit und Gepflogenheiten der Vogelkundler und Vogelsammler vor zweihundert und einhundert Jahren zurückversetzen. Damals war alles anders, auch das Denken.

VOGEL-ARCHIVE

Zurück in die Naturkundemuseen: Sie gehören zu unseren bestbesuchten Museen und sind Publikumsmagneten, weil sie in ihren Ausstellungshallen die Natur nahebringen und erklären. Eltern und Kinder kommen in Scharen, um dort die Vielfalt und Schönheit von Tieren und Pflanzen zu bestaunen – die größte Attraktion sind natürlich die »Dinos«. Naturkundemuseen sind aber nicht nur Bildungseinrichtungen für das aufgeschlossene Publikum, sondern auch Orte der Wissenschaft. Hinter den Kulissen arbeiten Fachleute in den nicht öffentlich zugänglichen Abteilungen und befassen sich dort mit den unterschiedlichsten Forschungsfragen. Dazu zählen Themen und Aufgaben, die sich nur in solchen Sammlungen bearbeiten lassen, da große Serien von Objekten verglichen werden müssen. Derartige Kollektionen sind über lange Zeiträume, oft über mehrere Jahrhunderte, gewachsen und stammen von allen sieben Kontinenten.

Die Vogelabteilungen der Naturkundemuseen beherbergen in der Tat Tausende von Vogelbälgen. Das hat auch damit zu tun, weil die Schönheit der Vögel uns Menschen mehr als manch andere Tiergruppe anzog, weshalb sich mehr Forscher auf die Vogelkunde spezialisiert hatten als z. B. auf die Säugetier- oder Fischkunde. In den

Den meisten Menschen geht das Verständnis dafür ab, dass Vögel für die Wissenschaft um ihr Leben gebracht werden mussten und dies auch weiterhin erforderlich ist.

—

Schränken der Vogelsammlungen lagern die Bälge (auch als Präparate, specimen oder skins bezeichnet), also einheitlich und in liegender Position ausgestopfte Vögel, nebeneinander aufgereiht, sodass sie leicht verglichen werden können. Solche Kollektionen sind Archive und haben die gleiche Funktion wie Bibliotheken, wo man bei Bedarf jedes gerade benötigte Buch gezielt aus dem Regal ziehen kann.

Um ein »Vogel-Archiv« in einem Naturkundemuseum aufzubauen, wurden folglich Vögel auf der ganzen Welt gesammelt. Ihre Bälge waren und sind das Material, um viele Fragen zu beantworten. Auf diese Weise wurde jede einzelne der 11 000 Vogelarten beschrieben und Informationen zur Variation ihrer Individuen zusammengetragen. Das gelingt nicht mit Einzelexemplaren, dafür benötigt man größere Serien. Die Fundamente unseres heutigen ornithologischen Wissens sind in den Naturkundemuseen des 19. und 20. Jahrhunderts gelegt worden. In Deutschland gibt es 43 wissenschaftliche Vogelsammlungen mit jeweils mehr als 1000 Präparaten. Deren Gesamtzahl beläuft sich auf deutlich über 1,2 Millionen Sammlungsobjekte, zu denen neben den ausgestopften Vögeln auch Skelett-, Alkohol- und Federpräparate sowie Eier und Nester gehören.

KONFLIKTREICH: MENSCHEN UND VÖGEL

Angesichts dieser in mehr als zwei Jahrhunderten zustande gekommenen Zahlen, die manch einem irritierend hoch erscheinen mögen, sollte man sich auch vor Augen halten, welche unermesslichen Mengen an Vögeln aus den unterschiedlichsten Gründen in der rauen Natur umkommen, Opfer von Wetterextremen oder Beutegreifern werden. Zusätzlich werden noch heute alljährlich Vögel in Millionenzahl in Asien, Afrika und Südeuropa aus kulinarischen Gründen geschossen oder gefangen. Ein gewinnträchtiges Geschäft, obwohl meist illegal. Schlimmer noch, für viele solcher Schützen ist das eigentliche Motiv die pure Lust am Töten. Derartiger Frevel ist Meilen von den nachhaltigen Prinzipien mitteleuropäischer Jagdmentalität entfernt. Eine gewaltige Todesfalle stellt die anthropogen geprägte Umwelt dar. Abermillionen Vögel kollidieren mit Fensterscheiben oder Fahrzeugen. Allein durch Hauskatzen werden in den USA jährlich vier Milliarden Vögel erbeutet. Hauptursache für den Rückgang der Vögel, ja der gesamten biologischen Vielfalt, bleibt jedoch die Übernutzung unseres Planeten. Dabei spielen Lebensraumverlust, Intensivlandwirtschaft und der ständige Einsatz von Pestiziden eine herausragende Rolle. Der Weltbestand der Vögel ist in den letzten 50 Jahren um mehr als 40% (und vermutlich deutlich mehr) geschrumpft; ein Prozess, der ungebremst weiterläuft.

Noch einmal, die Auflistung derartiger Mortalitätsfaktoren ist kein Gegenargument gegen die überlegte Tötung eines Vogels für die Forschung. Sie soll aber aufzeigen, dass die Zahl der für wissenschaftliche Zwecke gesammelten Vögel demgegenüber nur einen

> Wer seinen Objekten mit solcher Passion zugetan ist, der sorgt sich auch um den Erhalt der Vogelwelt. Es ist nur folgerichtig, dass die Vogelsammler und Museumsornithologen die Ersten waren, die energisch für den Vogelschutz kämpften.

winzigen Bruchteil ausmacht. Seit Jahrzehnten werden Vögel nur noch selten für die Wissenschaft geopfert, was inzwischen nur nach ethischer Abwägung und behördlicher Genehmigungen erlaubt wird. Solch begründetes Sammeln ist die einzige »Mortalitätsursache«, die der Vogelwelt einen Vorteil bringt. Denn die Daten der gesammelten Vögel mehren das biologische Wissen und liefern wertvolle Informationen für ihren Schutz und die dafür wirkungsvollsten Strategien.

Im Zeitalter vor Fernglas und Kamera besaß jeder ambitionierte Vogelkundler eine Vogelsammlung. Noch 1904 hatte die Hälfte der Mitglieder des Vereins schlesischer Ornithologen eine Balgkollektion. Die Sammler, die die Vögel damals in großer Zahl erlegten und präparierten, waren stets auch die besten Kenner »ihrer« Vögel. Ihr Wissen hatten sie in erster Linie durch die exakte Untersuchung des Vogels in der Hand gewonnen. Die Begeisterung für die Vögel und der Antrieb sie zu töten bedeuteten dabei keinen Widerspruch. Der »Vogelpastor« Christian Ludwig Brehm (1787–1864) hatte 1849 Besuch von seinem prominenten Kollegen Johann Friedrich Naumann (1780–1857). Auf einer gemeinsamen Exkursion in der Umgebung seines Wohnortes schoss Brehm neun Vögel, an deren Beispiel die Freunde bis tief in die Nacht über die geographische Variation diskutierten. Der übermüdete Gast drängte ins Bett. Am nächsten Morgen war er überrascht, dass Brehm die Vögel noch in derselben Nacht präpariert hatte. Brehms Antwort: »Nun sind sie gerettet!« Er hatte die neun Vögel erlegt, hätte sich aber nicht verziehen, sie anschließend dem Verderben zu überlassen.

Wer seinen Objekten mit solcher Passion zugetan ist, der sorgt sich auch um den Erhalt der Vogelwelt. Es ist nur folgerichtig, dass die Vogelsammler und Museumsornithologen die Ersten waren, die energisch für den Vogelschutz kämpften; schon früh im 19. Jahrhundert. Der erste Internationale Ornithologen-Kongress, der 1884 in Wien stattfand, kam nur deshalb zustande, weil man sich gezwungen sah, den Auswüchsen der Damenmode Einhalt zu gebieten. Über ein halbes Jahrhundert galt es in der gehobenen Damenwelt als besonders chic, Hüte mit Reiherfedern oder mit ausgestopften Kolibris, ja bunten Paradiesvögeln zu tragen. In kürzester Zeit war eine Hutindustrie entstanden, deren Bedarf an Federn und Bälgen unersättlich war. Professionelle, profitorientierte Jäger schossen in Osteuropa, den Südstaaten der USA und in Südamerika Reiher- und Seeschwalbenkolonien systematisch leer – nur für die Mode. Deshalb wurden auf dem Wiener Kongress 1884 Petitionen und Denkschriften an die Regierungen der Welt gerichtet. Seither war es noch auf jedem internationalen Ornithologen-Kongress nötig, ähnliche Moratorien zu beschließen. Noch heute protestieren die Vogelkundler unablässig gegen die Vogeljagd. Die Macht der Jagdlobby ist leider stärker.

144 Kap. VII. Von den Nachtigallen.

cker am Heerde haben kann, so ist dieses sehr gut, und da um diese Zeit das Gras in den Büschen und Wiesen lang ist, so fällt ihnen der abgehauene Heerd gar bald in die Augen, daher fallen sie dann sehr leicht hernieder, um darauf ihre Nahrung zu suchen. Ihre Futterung besteht in eingequelltem Mohnsaamen, von welchem hernach das Wasser abgelassen und klein gerieben wird, man vermischet solchen mit kleingehacktem Braunkohle und geriebener Semmel, und wenn man Mehlwürmer und Ameiseneyer haben kann, so kann man solche auch mit darunter mischen.

Achtes Kapitel.

Von dem Pfingstvogel.

Der Pfingstvogel ist einer der schönsten Vögel. Der Hahn davon siehet ganz goldgelb aus, und hat schwarze Flügel und Schwanz. Er ist so groß als eine Drossel, und machet sein Nest auf den Bäumen, allwo er sich einen Zweig aussuchet, der nicht gerade aufgehet, und am Ende eine Gabel hat. In diese Gabel hänget er das Nest in die Schwebe, und setzet es nicht auf, wie andere Vögel.

Seine Nahrung bestehet in Fliegen und allerley Insekten. Er ist sehr weichlich, und im Vogelbauer nicht gut zu erhalten. Am besten ist es, wenn man ihn zum Nachtigallsfutter gewöhnet, und ihn in einen räumlichen Bauer setzet, oder in einer Kammer herumsteigen läßt. Es ist, wie bekannt, der

Oben: Karikatur zum Wahnsinn der Federmode im späten 19. Jahrhundert: Woman Behind the Gun. Zeichnung von Gordon Ross 1911.

Links: Skizze eines Pirols von Johann Friedrich Naumann, gezeichnet um 1792. Naumann konnte den Vogel nur deshalb genau zeichnen, weil er den erlegten Pirol in der Hand hielt.

»LEBEN« NACH DEM TOD

Die wissenschaftlichen Sammlungen der naturkundlichen Forschungsmuseen können aus Sicherheitsgründen nicht öffentlich zugänglich sein. Die vielen wertvollen Objekte sind unersetzlich und können nur bei sachgerechter Lagerung langfristig erhalten werden. Darin unterscheiden sie sich von den Schausammlungen, dem öffentlichen Teil der Naturkundemuseen. Gelegentlicher Besuch ist aber möglich. Wissenschaftliche Vogelsammlungen sind eine Vogelwelt im Verborgenen. Einen Blick in diesen fremdartigen Kosmos zu werfen und auf dessen Bedeutung aufmerksam zu machen – das will dieses Buch ermöglichen. In vielen Bildern und aus ungewohnten Perspektiven erwachen die ausgestopften und für die Zukunft konservierten Vögel wieder zum Leben, bezaubern uns mit ihrer Schönheit selbst Jahrzehnte nach ihrem Tod. Dabei geben sie so manches Geheimnis preis. Schließlich hat jeder einzelne Vogel in den Sammlungen seine individuelle Geschichte.

Das nächste Kapitel beschäftigt sich mit der faszinierenden Geschichte des Vogelsammelns und der Entstehung der Naturkundemuseen.

Jean Baptiste Becoeur
(1718-1777)
No 2

Von der Trophäe zum wissenschaftlichen Balg

Kurztrip durch die Sammlungsgeschichte

Ganz allgemein ist Sammeln das Auswählen, Zusammentragen und Aufbewahren von Objekten, die einen subjektiven Wert haben. Es reicht bis in die menschliche Frühgeschichte zurück. Da die Vögel uns Menschen immer schon mehr als andere Tierklassen faszinierten, haben wir aus praktischen, emotionalen und rituellen Gründen schon früh begonnen, ausgewählte Vögel über ihren Tod hinaus aufzubewahren. Sie mussten dazu allerdings vor Verwesung geschützt und haltbar gemacht werden.

Seite 18: Rotfuß-Atlaswitwe *Vidua chalybeata*, präpariert von Jean-Baptiste Bécœur, ca. 1750. Der Balg ist nur wegen der Anwendung von Arsen so gut erhalten. Museum für Naturkunde, Berlin.

Unten: Mumie eines Heiligen Ibis im alten Ägypten, der bereits 5500 Jahre vor Christus konserviert worden war. Naturhistorisches Museum, Wien.

Rechte Seite: Vogelabbildung nach ausgestopften Präparaten. Aus Friedrich II. *De arte venandi cum avibus* um 1245.

Auf prähistorischen Felszeichnungen aus dem südlichen Afrika sieht man Buschmänner, die ein Straußenfell übergestülpt haben. Im alten Ägypten verwendete man Vogelmumien als Grabbeigaben; so sind aus den Nekropolen der 26. Dynastie um 500 v. Chr. fünf bis sechs Millionen Ibis-Mumien erhalten. Germanische Krieger schmückten ihre Helme mit Vogelköpfen, mittelalterliche Fischer nahmen ausgestopfte Alke als Glücksbringer mit auf Fahrt, Nordländer trugen Unterwäsche aus getrockneten Seevogelfellen. Vogelfänger im Spätmittelalter hatten bereits entdeckt, dass an einem Stock befestigte Vogelattrappen praktischer waren als lebende Lockvögel, die man tagtäglich versorgen musste. Conrad Aitinger beschrieb die traditionelle Herstellung dieser sogenannten Uffstecker in seinem Vogelfangbuch von 1626: Man entfernte alles Fleisch vom toten Vogel und zog danach die befiederte Haut mit Kopf, Flügeln und Beinen über einen künstlich geformten Rumpf aus Stroh. Das ist der Prozess, den man noch heute als Ausstopfen bezeichnet und dessen Resultat der Balg ist, nämlich ein nachgeformter Vogelkörper. In den modernen wissenschaftlichen Sammlungen werden die Bälge in flach liegender Position aufbewahrt.

AM ANFANG DER WISSENSCHAFT – AUSGESTOPFTE VÖGEL

Lange Zeit wurden ausgestopfte Vögel vor allem als Fetisch, Kuriosum oder Gebrauchsgegenstand verwendet. Umso erstaunlicher ist es, dass ausgestopfte Vögel bereits sehr früh ein wissenschaftliches Interesse auslösten. Seiner Zeit weit voraus war z. B. das berühmte Falkenbuch *De arte venandi cum avibus* (um 1245) von Kaiser Friedrich II. Er teilte die ihm bekannten Vögel nach der Form ihrer Schnäbel und Füße, nach Nahrung und Lebensraum ein, und ein Teil der im Buch dargestellten Vögel ist erkennbar ausgestopft. In der Renaissance begannen immer mehr Gelehrte, Pflanzen und Tiere sorgfältig zu beschreiben und voneinander zu unterscheiden. Zu ihnen zählen Konrad Gessner in Zürich, Pierre Belon in Paris und Francis Willughby in Cambridge. Auch in ihren Werken dienten ausgestopfte Vögel als Grundlage für die Abbildungen. Eine Präparieranweisung in Belons *Histoire de la nature des oiseaux* von 1555 belegt, wie wichtig das Ausstopfen war: »Um die Vögel in Kabinetten aufzubewahren, soll man sie abhäuten, einsalzen und ausstopfen. Dann werden sie nicht von Würmern gefressen und man kann sie aufheben, solange man will.«

Die Entstehung der überseeischen Kolonialreiche – als Startpunkt gilt gemeinhin die »Entdeckung« Amerikas 1492 durch Christoph Kolumbus – bescherte den Übersee-Händlern großen Reichtum und brachte in beträchtlichem Umfang sogenannte Naturalien aus fernen und tropischen Regionen in die Häfen Europas. Bei seiner triumphalen Rückkehr nach

Lange Zeit wurden ausgestopfte Vögel vor allem als Fetisch, Kuriosum oder Gebrauchsgegenstand verwendet. Umso erstaunlicher ist es, dass ausgestopfte Vögel bereits sehr früh ein wissenschaftliches Interesse auslösten.

—

Genua ließ Kolumbus der staunenden Menschenmenge *molti pappagalli* (viele Papageien) vorführen. Bereits 1522 brachte der Weltumsegler Sebastian de Elcano Paradiesvogel-Bälge von den Molukken mit, die ebenfalls enormes Aufsehen erregten. Auch die schillernden Kolibris aus Südamerika bezauberten jeden Betrachter. Auf einmal waren exotische Pflanzen und Tiere, deren Produkte, Alkoholpräparate, Muscheln, Mineralien und vieles mehr käuflich zu erwerben. Sammeln wurde zur Mode, zum Hobby der Reichen und Mächtigen; Naturalienkabinette mit ihren Exponaten dienten als Statussymbol. Trophäen, Raritäten und Absonderlichkeiten waren begehrt und sündhaft teuer. Um 1650 existierten allein in Frankreich mehr als zweihundert private Naturalienkabinette. Außerdem hatte man viele tropische Vögel lebend nach Europa gebracht, wo sie in den Menagerien der Fürsten zur Schau gestellt wurden: neben zahlreichen Papageien um 1600 auch eine Dronte am Hof von Kaiser Rudolf II. Nicht selten wurden die farbenprächtigen Exoten nach ihrem Tod konserviert.

Obwohl anfangs Status und Repräsentation im Vordergrund standen, regten die fremdartigen Objekte zunehmend auch die wissenschaftliche Neugier an. Je größer und professioneller die Sammlungen, umso mehr wuchs das Bedürfnis, die Formenfülle der Exponate zu unterscheiden und zu verstehen – ein Innovationsschub für die naturkundliche Forschung. Belons Präparieranleitung war nicht uneigennützig gewesen, hatte der Autor doch damit den

Oben: Eine frühe Naturaliensammlung, die zahlreiche Vogelpräparate enthielt, war das Museum Wormianum in Kopenhagen um 1655.

Rechte Seite: Eingangsbuch der Vogelsammlung des Naturhistorischen Museums in Wien mit den Zugängen der Jahre 1806/7.

Aufruf verbunden, ihm Bälge von noch unbekannten Vogelarten zu schicken.

Immer häufiger versuchte man, die großen und wertvollen Naturalienkabinette nach dem Tod des Besitzers fortzuführen. Die Geschichte von John Tradescant (dem Älteren, 1570–1638), Hofgärtner von König Karl I., zeigt beispielhaft einen solchen Entwicklungsprozess. Tradescants über Jahrzehnte auf vielen Reisen zusammengetragene naturkundliche Objekte gelten als die früheste Naturaliensammlung in England. Bereits 1629 war sie als Museum Tradescantianum für die Öffentlichkeit zugänglich. Darin befanden sich auch vom Besitzer selbst gefertigte Vogelbälge, die er als skins bezeichnete. Sein Sohn mehrte die Kollektion und vererbte sie später dem Alchemisten Elias Ashmole. Dieser vermachte sie seinerseits der Universität Oxford, wo Teile noch heute im Ashmolean Museum aufbewahrt werden. Eine Wandlung von privaten Sammlungen zu institutionellen Einrichtungen, die an den Residenzen der Herrscher oder an Universitäten angesiedelt waren, fand im Europa des 18. Jahrhunderts immer häufiger statt. Auch das Berliner Museum für Naturkunde und das Wiener Naturhistorische Museum hatten ihren Ursprung in den Wunderkammern der Könige und Kaiser.

ARSEN GEGEN MOTTENFRASS

Die Fortführung der Sammlungen war aber nur sinnvoll, wenn es gelang, die Haltbarkeit der ausgestopften Vögel zu verlängern. Denn die mumifizierten, gedörrten oder unzureichend präparierten Objekte wurden über kurz oder lang von Speckkäfern und Kleidermotten zerfressen. Daher suchte man nach verbesserten Präparationstechniken. Auch die Aufbewahrung in dicht schließenden Kästen, denen man ätherische und insektenabweisende Öle zusetzte, trug zum längeren Erhalt der Präparate bei. Zeitweise schob man kleinere Vögel in Phiolen, also bauchige Glasgefäße, deren Halsteil anschließend von einem Glasbläser dauerhaft verschlossen wurde. Um das Ausbleichen des Gefieders zu verhindern, lagerte man die Präparate außerdem in dunklen, abgeschlossenen Räumen. Doch den Durchbruch brachte das Arsen, ein gefährliches Gift, das Fraßinsekten rasch und effizient abtötet. Die Präparatoren bestrichen also mit einer Seife aus Arsen die gesamte Vogelhaut. Das Verfahren wurde um 1750 von Jean-Baptiste Bécœur eingeführt; wie aus einem 1682 publizierten Buch von Wolfgang Helmherd von Hohberg ersichtlich ist, war es in vielen Regionen jedoch längst bekannt.

> Rothschild hatte bereits als siebenjähriges Kind sein erstes eigenes Museum bekommen und war mit 22 Jahren Herr über ein gewaltiges privates zoologisches Museum mit vielen Angestellten.
>
> —

Seit 1750 gehörte Arsen als unverzichtbarer Bestandteil zur Ausrüstung aller wissenschaftlichen Expeditionen. In den Naturkundemuseen Europas existieren heute nur deshalb noch etwa 3000 Vogelbälge aus dem 18. Jahrhundert, weil Arsen bei ihrer Präparation eingesetzt wurde.

Da die Präparate nun länger haltbar waren, wurden die Vogelsammlungen des 18. Jahrhunderts immer umfangreicher. Noch waren die meisten ausgestopften Vögel »naturgetreu« auf ein Podest montiert, oft in eindrucksvoller Positur mit ausgebreiteten Flügeln oder in Imponierhaltung. Der Sinn lag eben zuerst darin, sie als Trophäen zur Schau zu stellen. Die Sammler versuchten inzwischen auch, möglichst komplette Kollektionen anzulegen; damit einher ging eine intensivere Beschäftigung mit den Objekten. Man strebte danach, den vielen neuen Vogelarten einen verbindlichen Namen zu geben, sie zu beschreiben, unterschiedliche Formen voneinander abzugrenzen und in ein Ordnungssystem einzusortieren; dabei entstand als neue Wissenschaftsdisziplin die Taxonomie. Zu diesem Zweck musste man die Bälge vergleichen können, und dies war in größeren Museumssammlungen besser möglich als in kleineren. Damit war die Metamorphose von den sagenhaften Wunderkammern zu den nüchternen Forschungsmuseen vollzogen, und das neue Wissenschaftsgebiet der Ornithologie geboren.

Zur Professionalisierung des wissenschaftlichen Sammelns gehörten wichtige administrative Schritte: Forscher erhielten als Kuratoren eine feste Anstellung. Ihre Aufgabe war, die Kollektionen auszubauen und fachlich zu erschließen. Durch die stetige und professionelle Arbeit entwickelten sich die Sammlungen kontinuierlich weiter. Immer mehr institutionelle vogelkundliche Sammlungen entstanden in den Hauptstädten und an Universitäten. Inzwischen werden die Kuratoren bzw. wissenschaftlichen Abteilungsleiter in manchen großen Museen von einem mehrköpfigen Team unterstützt: So kümmern sich Vogelpräparatoren und Sammlungsmanager um Konservierung und Erhalt der Sammlungen, um deren Katalogisierung und um vielfältige technische Aufgaben.

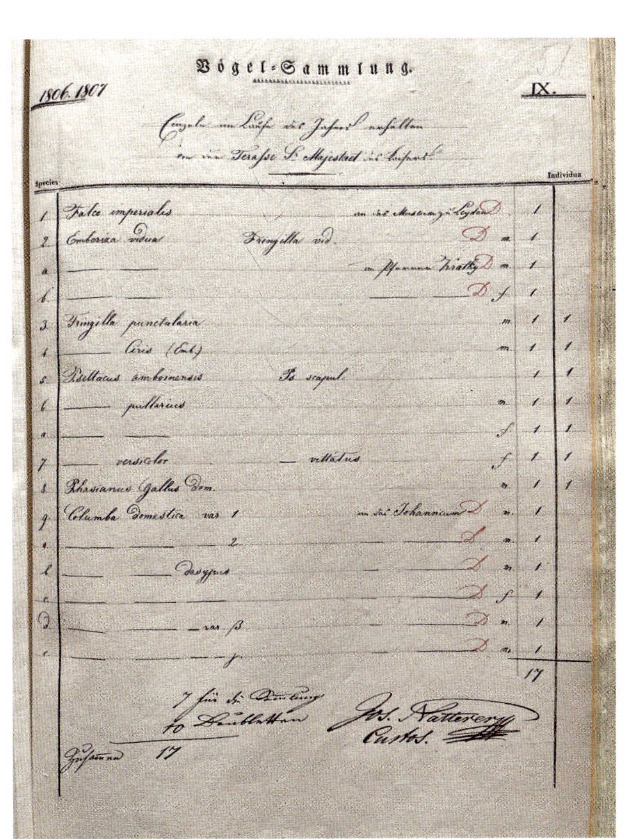

Vögel-Sammlung.

1806. 1807 IX.

Species | Individua

1 Falco imperialis — 1
2 Emberiza vidua — Fringilla vid. — m. 1
a — m. 1
b — f. 1
3 Fringilla punctularia — m. 1 1
4 — Ciris (Emb.) — m. 1 1
5 Psittacus amboinensis — Ps. scapul. — 1 1
6 — pullarius — m. 1 1
a — f. 1 1
7 — versicolor — vittatus — f. 1 1
8 Phasianus Gallus Dom. — m. 1 1
9 Columba Domestica var. 1 — m. 1
a — 2 — m. 1
b — dasypus — m. 1
c — f. 1
d — var. β — m. 1

17

Jos. Natterer
Custos.

VOLLSTÄNDIGKEIT ALS OBERSTES ZIEL

Oberstes Ziel war das Wachstum der Kollektionen und Streben nach Vollständigkeit, am besten global ausgerichtet. Zu diesem Zweck sandte man Sammelexpeditionen in die ganze Welt. Reichte früher ein Belegexemplar für jede Art, so galten ab dem späten 19. Jahrhundert für jede Spezies ganze Serien als erstrebenswert, um deren Variation in Gefieder, Körpermaßen oder geografischer Verbreitung aufzuzeigen. Platz- und Vergleichsgründe zwangen dazu, die gesammelten Vögel nun einheitlich als Bälge zu fertigen, die dicht gepackt in Reih und Glied in Schubladen lagerten. Das zeitweise exponentielle Wachstum der Sammlungen im 19. und frühen 20. Jahrhundert lässt sich an den Bestandszahlen des Berliner Museums für Naturkunde erkennen: 1813 umfasste

Unten: Anton Reichenow, Kurator der Vogelsammlung, im Vogelsaal des Naturkundlichen Museums, Berlin, 1917.

Rechte Seite: Historische Etiketten. Das Etikett stellt quasi den Personalausweis eines Vogelbalges dar. Naturhistorisches Museum, Wien.

die junge Sammlung etwa 2000 Vogelpräparate, 1846 bereits 10 500 und 1922, beim Dienstantritt von Erwin Stresemann, knapp 90 000. Heute liegt alleine die Zahl der Bälge und Standpräparate bei etwa 132 000 – nicht mitgerechnet andere Objekte wie Skelette oder Eier.

Die größte und modernste Vogelsammlung ihrer Zeit allerdings besaß Lord Walter Rothschild (1868–1937) in Tring, einer Kleinstadt nordwestlich von London. Rothschild hatte bereits als siebenjähriges Kind sein erstes eigenes Museum bekommen und war mit 22 Jahren Herr über ein gewaltiges privates zoologisches Museum mit vielen Angestellten. Schon bald wurde Ernst Hartert (1859–1933), der große deutsche Vogelkundler, sein Mitarbeiter. Das geniale Duo machte Tring zum Mekka der Ornithologie. Innerhalb von 40 Jahren trugen die beiden 300 000 Bälge zusammen; ein Heer von Vogelsammlern war in ihrem Auftrag rund um den Globus unterwegs; 3000 Arten und Unterarten wurden neu beschrieben. Rothschild und seine Mitarbeiter veröffentlichten neben 1700 Beiträgen in ihrer eigens gegründeten Fachzeitschrift *Novitates Zoologicae* eine stattliche Zahl an Katalogen und Tafelwerken – die meisten mit vielen wunderschönen Farbtafeln, geschaffen von den besten Vogelmalern ihrer Zeit. Völlig überraschend kam 1932 das abrupte Ende: »Die Tringer Vogelsammlung ist ans American Museum of Natural History in New York verkauft worden! Wie ein Blitzstrahl fuhr diese Nachricht, die durch die Presse in alle Welt getragen wurde, unter die Gemeinde der Ornithologen«, schrieb Erwin Stresemann. Rothschild war wegen einer Liebesaffäre erpresst worden und brauchte Geld. Er hat diesen Schlag nicht lange überlebt. Nach seinem Tod erhielt der britische Staat seine restlichen zoologischen Sammlungen und den gesamten Gebäudekomplex als Schenkung. Das Museum in Tring beherbergt heute die wissenschaftlichen Vogelsammlung des Londoner Natural History Museums.

Neben der persönlichen Tragödie zeigt Rothschilds Beispiel auch, wie sehr das Wachstum der Vogelsammlungen und die Entwicklung des Fachgebietes Ornithologie Hand in Hand gingen: Sammeln und die Untersuchung von Bälgen galten bis ins frühe 20. Jahrhundert als die wichtigste ornithologische Tätigkeit. Das änderte sich erst mit dem Aufkommen von Ferngläsern und Freilandforschung.

Im nächsten Kapitel geht es um die Taxonomie, die Beschreibung und Einordnung von Vogelarten und deren Namensgebung.

Apteryx (australis?) Mantellii Shaw
Neu-Seeland.
1857. III. 8

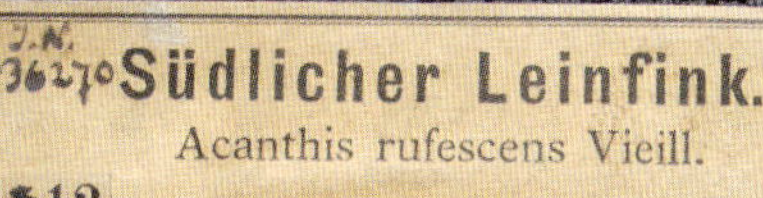
J.N. 36270
Südlicher Leinfink.
Acanthis rufescens Vieill.
312

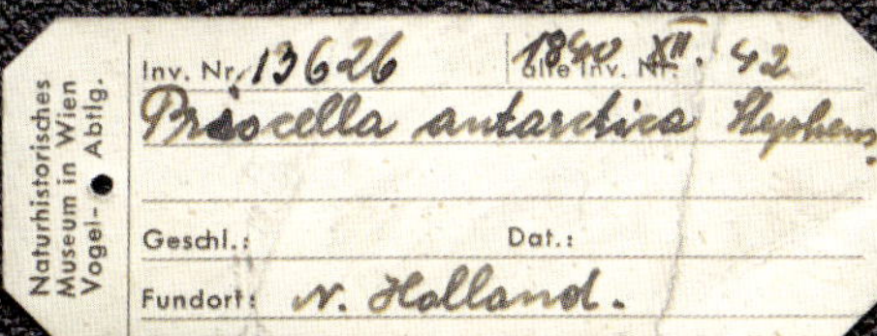
Naturhistorisches Museum in Wien Vogel-Abtlg.
Inv. Nr. 13626
alte Inv. Nr. 1840 XII 42
Procella antarctica Stephens
Geschl.:
Dat.:
Fundort: N. Holland.

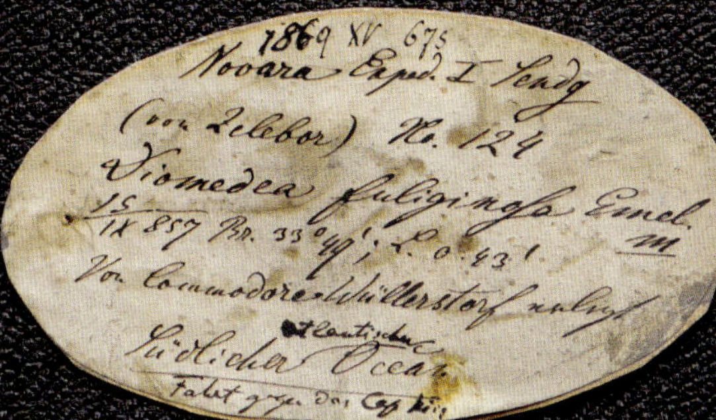
1869 XV 675
Novara Exped.
(von Zelebor) Nr. 124
Diomedea fuliginosa Gmel.
Südlicher Ocean

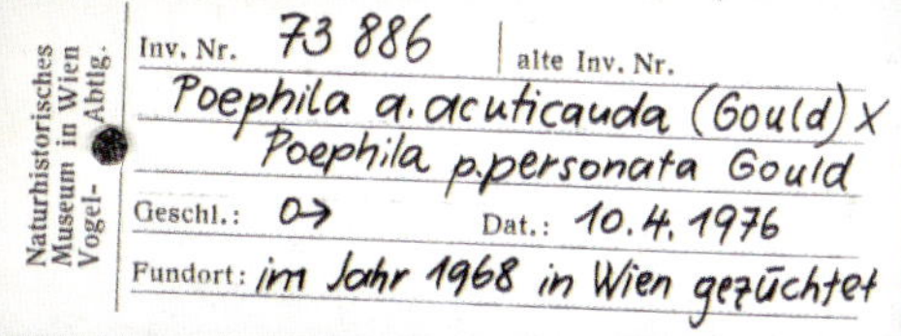
Naturhistorisches Museum in Wien Vogel-Abtlg.
Inv. Nr. 73 886
alte Inv. Nr.
Poephila a. acuticauda (Gould) x
Poephila p. personata Gould
Geschl.:
Dat.: 10.4.1976
Fundort: im Jahr 1968 in Wien gezüchtet

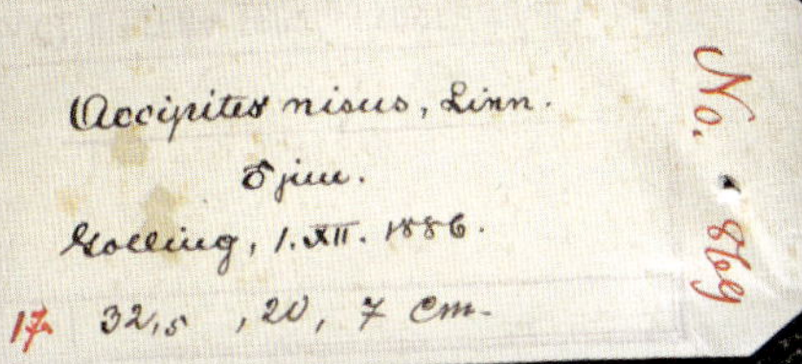
Accipiter nisus, Linn.
Golling, 1. XII. 1886.
32,5 , 20, 7 cm.

Für jede Vogelart einen Namen

Das System der Natur

»Dieses Exemplar sollten Sie als neue Spezies beschreiben«, antwortete 1869 der französische Zoologe Jules Verreaux auf die Frage des britisch-indischen Privatsammlers Allan O. Hume zu einem Kleinvogel, der im Himalaya erlegt worden war. Es handelte sich wieder einmal um einen »little brown job« aus der Rohrsängergruppe – berüchtigt für die Schwierigkeiten bei der Bestimmung.

Seite 26: Taxonomisches Arbeiten mit südamerikanischen Tangaren. Der Sammlungsmanager Pascal Eckhoff im Museum für Naturkunde in Berlin.

Unten: Ein wiederentdeckter Großschnabel-Rohrsänger *Acrocephalus orinus* während seiner Beringung im Wakhan-Strip in Afghanistan, Juni 2008. Die Art galt zuvor 140 Jahre lang als ausgestorben.

Rechte Seite: Das Typus-Exemplar der Pallasammer *Emberiza pallasii*. Es war um 1771 von Peter Simon Pallas in Burjatien, östlich des Baikalsees, gesammelt und 1851 von Jean Cabanis und Ferdinand Heine als neue Art beschrieben worden. Museum für Naturkunde, Berlin.

Hume folgte dem Rat; ihm genügte dieser einzige Balg, um eine neue Art zu deklarieren: *Acrocephalus macrorhynchos*, der Großschnabel-Rohrsänger. Da der Namenszusatz *macrorhynchos* aber schon vergeben war, wurde sie 1905 in *Acrocephalus orinus* umgetauft. Späteren Forschergenerationen sollte dieses Belegstück, der sogenannte Typus (s. u.), noch Kopfschmerzen bereiten. Es gab eben nur den einen Balg, eigentlich nicht unterscheidbar von anderen Rohrsängerarten. Handelte es sich wirklich um eine eigenständige Spezies oder war es lediglich eine Fehlbestimmung, Fehlform oder gar ein Mischling zweier anderer Arten? *A. orinus* galt als »the world´s least known bird«, ein Rätselvogel. Schließlich sahen sich 130 Jahre später die Experten David Pearson und Staffan Bensch das Typusexemplar im Natural History Museum in Tring genauer an und analysierten die DNA aus einer winzigen Probe von der Fußsohle des Balges: *A. orinus* ist eine eigenständige Art, morphologisch dem häufigen Buschrohrsänger *A. dumetorum* zwar ähnlich, aber genetisch deutlich verschieden. Ob diese seit 1869 nie mehr nachgewiesene Art überhaupt noch existierte? Und wenn ja, dann wo? Das löste eine Kettenreaktion aus: Prompt wurde 2006 ein Großschnabel-Rohrsänger in seinem thailändischen Winterquartier lebend gefangen, und in mehreren Museen fand man bei der Untersuchung der Buschrohrsänger-Serien insgesamt 27 Bälge, die sich auf den zweiten Blick als *A. orinus* entpuppten. Die Daten auf den Etiketten der Bälge gaben dann Aufschluss über das Brutgebiet der Art: Großschnabel-Rohrsänger nisten in abgelegenen Flusstälern des Pamir-Gebirges in Afghanistan und Tadschikistan; dort ist noch eine kleine, bedrohte Population erhalten.

NAMEN BRINGEN ORDNUNG

So schwierig kann taxonomisches Arbeiten sein, also der Prozess der Klassifikation, d. h. der eindeutigen Zuordnung von Lebewesen. Im Zeitalter der Entdeckungsreisen und Expeditionen war die Zahl der Organismen bald nicht mehr überschaubar, daher war es spätestens seit dem 18. Jahrhundert erforderlich, sie sorgfältig voneinander abzugrenzen und zu benennen. Allein die Zahl der Vogelarten liegt mittlerweile bei knapp 11 000. Zwar existierten für viele Pflanzen und Tiere bereits regionale Namen, bei Vögeln beispielsweise Amsel/Schwarzdrossel und Ziegenmelker/Nachtschwalbe/Froschmaul oder auch Wiedehopf/Mistvogel; diese waren aber lokal verschieden und daher nicht eindeutig bzw. irreführend. Der Schwede Carl von Linné (1707–1778) war der Erste, der für die Wissenschaften eine einheitliche und eindeutige Namensgebung aller Pflanzen und Tiere anstrebte und jeden Organismus in ein definiertes Taxon, eine Ordnungseinheit, einsortieren wollte. Seine aus zwei Namensteilen bestehende (binäre) Nomenklatur schuf die Grundlage der modernen wissenschaftlichen Namensgebung, die heute für

die Klasse der Vögel durch die International Commission on Zoological Nomenclature (ICZN) streng geregelt wird. Der eindeutige Name einer Spezies ist schließlich der Schlüssel zu allen Informationen über diese eine Art.

Linné hatte also in seinem hierarchisch gegliederten System der Natur jeder ihm bekannten Art einen Platz zugewiesen. Dieses Vorgehen nennt man Taxonomie, es basiert auf technischen Ordnungsregeln. Die Taxonomie ist nicht zu verwechseln mit dem wissenschaftlichen Fachgebiet der (Bio-)Systematik, die die Vielgestaltigkeit und die Verwandtschaftsverhältnisse aller Lebewesen erforscht. Dem Evolutionsbiologen Ernst Mayr (1904–2005) zufolge schafft die biosystematische Forschung erst das Verständnis und die Voraussetzungen für die taxonomisch korrekte Identifikation und Einordnung von Organismen.

Im Zeitalter der Entdeckungsreisen und Expeditionen war die Zahl der Organismen bald nicht mehr überschaubar, daher war es spätestens seit dem 18. Jahrhundert erforderlich, sie sorgfältig voneinander abzugrenzen und zu benennen. Allein die Zahl der Vogelarten liegt mittlerweile bei knapp 11 000.

Taxonomisches Arbeiten, also Ordnen und Namensgebung, war lange die Hauptaufgabe der Museumsornithologen und Kuratoren. Sie hatten den Ehrgeiz, in ihren Sammlungen möglichst viele Arten und Unterarten zusammenzutragen und unbekannte Formen als neue Taxa zu beschreiben. Das verlangte ein breites Spektrum an Detailkenntnissen und einen großen Überblick. Da der Zugang zu Vergleichsmaterial und Fachliteratur aber nur begrenzt möglich war, kam es in der Anfangszeit häufig zu »Irrungen und Wirrungen«. Es wurden neue Arten postuliert, die bald widerrufen werden mussten. Je mehr Arten ein Taxonom beschrieben hatte, desto höher sein Ansehen. Mit Abstand die meisten Arten wurden im 19. Jahrhundert neu beschrieben, als aus den Tropen noch Unmengen an Bälgen in die Museen gelangten. Dagegen ist die Entdeckung einer neuen Art heute ein seltenes Ereignis. Tatsächlich brachten es mehrere Kuratoren im 19. Jahrhundert auf weit über hundert neue Arten. Da sich ganze Generationen von Museumsornithologen allein auf die Untersuchung von Bälgen fokussierten, hatte dies auch zur Folge, dass Themen aus Ökologie oder Verhaltensbiologie, die praktisch nur im Freiland bearbeitet werden können, bis ins 20. Jahrhundert unterrepräsentiert blieben. Die ornithologischen Journale des 19. Jahrhunderts spiegeln diese einseitige Ausrichtung eindrucksvoll wider.

DAS TYPUS-EXEMPLAR ALS »URMETER«

Die Beschreibung einer neuen Spezies ist mittlerweile außerordentlich aufwendig. Genügten hierfür im 19. Jahrhundert ein paar Zeilen, so bedarf es heute einer exakten Beschreibung und sorgfältigen Vermessung des Belegexemplares nach standardisierten Vorgaben. Dazu gehören auch Fotos und Zeichnungen. Anhand von Blut- und Gewebeproben wird das molekulargenetische Profil erstellt. Schließlich grenzen die Taxonomen in einer Merkmalsanalyse das neue Taxon sauber von den nächstverwandten Formen ab. Fundort und Fundumstände sowie alle erreichbaren Angaben zu Lebensraum und

Die Beschreibung einer neuen Spezies ist mittlerweile außerordentlich aufwendig. Genügten hierfür im 19. Jahrhundert ein paar Zeilen, so bedarf es heute einer exakten Beschreibung und sorgfältigen Vermessung des Belegexemplares nach standardisierten Vorgaben. Dazu gehören auch Fotos und Zeichnungen.

—

Lebensweise müssen ebenfalls dokumentiert und in einer Datenbank hinterlegt werden. Das Belegexemplar (der neuen Vogelart), das der Neubeschreibung zugrunde liegt, wird als Holotypus bezeichnet. Der neu vergebene Name bleibt für alle Zeiten mit diesem besonderen Individuum verbunden. Der Holotypus – früher einfach als Typus bezeichnet – ist das Referenzexemplar für alle nachfolgenden taxonomischen und systematischen Studien, quasi das »Urmeter« dieser Spezies. Deshalb erhält es ein auffälliges rotes Etikett und ist daran sofort erkennbar. Der Holotypus muss dauerhaft konserviert und aufbewahrt werden. Zusätzliche Individuen der neuen Art, die für die Erstbeschreibung herangezogen werden, heißen Paratypen und müssen ebenfalls dauerhaft in einer Museumssammlung aufbewahrt werden.

Typusexemplare sind eine eher junge Erfindung, sie waren in Linnés frühen Nomenklaturregeln noch nicht vorgekommen. Erst die Fortschritte in der Vogelpräparation ermöglichten es, dass seit dem späten 19. Jahrhunderts gut konservierte Belegexemplare regelmäßig hinterlegt werden. Ihr Wert ist hoch, und die Bedeutung einer Vogelsammlung lässt sich auch an der Zahl der Typusexemplare messen. Beispielsweise enthält die Vogelsammlung des Berliner Museums für Naturkunde rund 5500 Objekte mit Typenstatus. Über internationale Datenbanken sind die Meta-Daten der Typen inzwischen für jedermann verfügbar. Wie wertvoll die Typusexemplare sind, zeigt die Geschichte der Berliner Typuskollektion: Als der Zweite Weltkrieg begann, kämpfte Erwin Stresemann dafür, dass alle Typen der Berliner Vogelsammlung im unterirdisch gelegenen Hochsicherheitstresor einer Bank untergebracht wurden. Hätte er nicht so vorausschauend gehandelt, hätten viele die Kriegsbeschädigung des Museums nicht überstanden.

Ein neuer wissenschaftlicher Artname ist zweiteilig (binär) und muss latinisiert sein: Zuerst der Name der Gattung, dann der spezifische Artname (Epitheton), beide in kursiver Schrift. Das Epitheton hatte früher eine beschreibende Funktion wie bei *Passer domesticus*, dem Haussperling. Inzwischen darf es auch eine Widmung bzw. Dedikation enthalten, wie beim Rötelfalken *Falco naumanni*, den der Erstbeschreiber Ernst Fleischer 1818 zu Ehren des großen Ornithologen Johann Friedrich Naumann benannt hat. Das Regelwerk der ICZN macht hier klare Vorgaben. Unterarten, also geografisch abweichende Formen einer Spezies, erhalten seit Ende des 19. Jahrhunderts noch einen dritten Namenszusatz (trinäre Nomenklatur), z. B. heißt die farblich unterscheidbare Subspezies bzw. Population des Haussperlings im Niltal *Passer domesticus niloticus*. Bei der Auswahl eines neuen Namens haben die Entdecker einen gewissen Spielraum, was auch schon für manchen »Jux« sorgte. Den »Vogel abgeschossen« haben österreichische Forscher, die 1912 nach mühsamer Suche in den Weiten der australischen Wüste eine völlig neuartige Form von Stabheuschrecke gefunden hatten: ein missing link in der Gruppe der Stabschrecken. Dieser gaben sie den arglos erscheinenden Namen *Denhama aussa*, der aber Österreicher zum Schmunzeln bringt: »Den hama aussa«, Österreichisch für »den haben wir herausgekriegt«. Die ICZN sei nicht amüsiert gewesen, heißt es.

Unten: Königsparadiesvogel-Bälge *Cicinnurus regius* und eine zugehörige Zeichnung im zweiten Teil des Tafelwerks *Deliciae naturae selectae* von Georg Wolfgang Knorr, 1767. Museum für Naturkunde, Berlin.

JEDES INDIVIDUUM IST EINZIGARTIG

Die Art bzw. Spezies ist die kleinste Klassifizierungseinheit der Taxonomie. Individuen, die zur selben Art gehören, pflanzen sich untereinander fort und erzeugen fruchtbare Nachkommen. Arten sind jedoch nicht konstant. In einer Population ist jedes Individuum genetisch unterschiedlich, was ständige evolutionäre Veränderungen zur Folge hat. Dieser Prozess findet seit Jahrmillionen statt und dauert an. Die an Unterarten erkennbaren Veränderungen sind dagegen vergleichsweise jung. Oft sind sie durch die Eiszeit bedingt, da viele Arten sich nach dem Ende der Eiszeit aus ihren Rückzugsgebieten wieder ausgebreitet haben und dabei geografisch getrennt wurden. Langfristig führen die evolutionären Prozesse dazu, dass sich die Ursprungspopulationen in neue Arten aufspalten. Damit beschäftigt sich die Phylogenieforschung, sie ist ein Teilgebiet der Systematik. Vor allem die neuen Methoden der DNA-Analysen führen immer wieder zu Revisionen der Taxonomie und Systematik. Gerade in jüngerer Zeit mussten daher zahlreiche Taxa umbenannt und die Reihenfolge von Ordnungen, Familien, Gattungen und Arten geändert und in den Museumssammlungen umsortiert werden. Dies findet wiederum seinen Niederschlag in der Fachliteratur und in den Neuauflagen der Handbücher und Vogelbestimmungsbücher.

Wie schon in der wissenschaftlichen Namensgebung wird heute auch bei den – vorher verwirrend vielfältigen – Trivialnamen Eindeutigkeit und Unverwechselbarkeit angestrebt. So hat man kürzlich u. a. für die vielen tropischen Vogelarten, die in den meisten Sprachen keinen anerkannten Namen besaßen, verbindliche Trivialnamen vergeben. Die neuen deutschsprachigen Wortschöpfungen sind zwar meist logisch abgeleitet, lösen jedoch gelegentlich Heiterkeit aus – Schneeballwürger, Wellenbauch-Baumsteiger, Maorischlüpfer, Schwatzdegenschnäbler oder Gnomenzwergkauz, um nur einige zu nennen.

Das nächste Kapitel befasst sich mit den vielfältigen Aktivitäten und Expeditionen, die dazu dienen, Vögel für die Vogelabteilungen der Naturkundemuseen zu beschaffen.

Im Sammelfieber

Expeditionen in alle Teile der Welt

Um Vögel in der Hand zu untersuchen und eine wissenschaftliche Sammlung von dauerhaft konservierten Vögeln aufzubauen, mussten die Vogelsammler – man kann sie auch als jagende Ornithologen bezeichnen – sie zwangsläufig töten. Das Zeitalter des Vogelsammelns umspannt etwa 200 Jahre, von der Mitte des 18. bis zur Mitte des 20. Jahrhunderts. Die Jagd mit Schusswaffen hatte damals ihre Hochphase, und noch vor hundert Jahren kamen sie überall zum Einsatz.

Seite 32: Königsparadiesvogel-Bälge *Cicinnurus regius* im Studierzimmer. Museum für Naturkunde, in Berlin.

Unten: Blick in unbekanntes und unerforschtes Land. Brasilien.

Rechte Seite: James Chapin vor seinem Wohn- und Arbeitszelt während seiner Expedition in den Regenwald des Kongo, 1910.

Es war üblich, dass Jäger, Förster und Bauern auf alles zielten, was sich bewegte. Selbst Kinder schossen treffsicher Vögel, wie z.B. der zehnjährige Otto Kleinschmidt, der 1880 mit der Flinte seines Vaters einen Zwergtaucher erlegte, der versehentlich im Gartenteich gelandet war.

Der technische Fortschritt im 18. und 19. Jahrhundert erleichterte das rasche Wachstum der großen Vogelkollektionen: Das naturkundliche Interesse wuchs insbesondere in den bürgerlichen Schichten, zuvor unbekannte geografische Regionen wurden zugänglich, Schusswaffen leichter verfügbar und die Präparationstechniken perfekter. Naturforscher, Ornithologen und gewerbsmäßige Sammler schwärmten aus in alle Regionen der Welt, um Nachschub für die Vogelsammlungen heranzuschaffen. Anfangs waren ihre Fragestellungen und Aufträge weitgespannt und wenig konkret. Peter Simon Pallas reiste um 1770 noch im Regierungsauftrag nach Westsibirien, wo er auf alle möglichen Erscheinungen der Natur achten sollte. Dagegen erkundete Hinrich Lichtenstein schon 1802 das südliche Afrika als Privatmann mit dem primären Ziel, dort vor allem Vögel zu sammeln.

Dank der aktiven Sammeltätigkeit ungezählter Naturforscher hatte man bereits ein Jahrhundert später einen umfassenden Überblick über die Vogelarten der Welt gewonnen, und auf der Weltkarte gab es nur noch wenige weiße Flecken, also unerforschte Gebiete. Deshalb wollte der 20-jährige Student Erwin Stresemann 1910 ganz gezielt eine dieser unerforschten Regionen kennenlernen und plante, an der »Freiburger Molukken-Expedition« teilzunehmen. Diese Inselkette zwischen Sulawesi und Neuguinea war damals kaum bekannt und beachtet. Stresemann finanzierte die Kosten der Reise aus eigener Tasche und bereitete sich gründlich darauf vor: Er besuchte die großen europäischen Vogelmuseen, um die Avifauna des malaiischen Archipels kennenzulernen, studierte geografische und ethnologische Literatur und testete seine Hitzetauglichkeit während einer Wanderung am Krater des Vesuvs. Seine Ausrüstung mit Karten, Kamera, Instrumenten und Medikamenten war gewaltig. Nachdem das Expeditionsschiff um ein Haar gesunken wäre, ging die 18-monatige Reise zu Fuß weiter. Neben der Tierwelt erkundete er auf den Inseln unerforschte Gebirgsregionen und führte linguistische Studien an indigenen Stämmen durch. Insgesamt sammelte Stresemann 1200 Vögel, die er nach der Heimkehr 1912 wissenschaftlich bearbeitete.

Sein Mentor Ernst Hartert, der Vogelkurator an Rothschilds Museum in Tring, hatte ihm vor der Reise noch die »15 Gebote« des ornithologischen Sammelns eingepaukt. Gebot 1 lautete: »Du sollst die Vögel lieben und daher möglichst viele Arten zu erlangen versuchen. Sammle sie in großen Serien, dass sie zum Nutzen der Wissenschaft studiert werden können.« Und weiter: »Vögel soll-

ten nur mit feinem Schrot geschossen werden; und der Stolz des Sammlers müssten schön gefertigte Bälge sein. ... Beim Anbinden der Etiketten drei Knoten machen, damit sich das Etikett niemals löst! Bälge ohne Etiketten sind des Sammlers unwürdig.« Diesem Grundsatz folgten viele Sammler. Sie schossen die Vögel nicht nur, sondern beobachteten, untersuchten und notierten viele Details; die dabei entstandenen Tagebücher bildeten die Grundlage für die spätere Auswertung.

GEFÄHRLICHE REISEN INS UNBEKANNTE

In der Rückschau bezeichnete Stresemann die Molukken-Expedition als die »förderlichsten« Monate seines Lebens. Die Gefahren der Reise verblassten dagegen. Man muss sich jedoch vor Augen halten, dass sehr viele Sammler und Forscher auf Expeditionen umgekommen sind, sei es aus Erschöpfung und Hunger in unbekannten und lebensfeindlichen Regionen, sei es durch Tropenkrankheiten wie Malaria, Fieber, Diarrhoe oder durch Unfälle. Eine seltene Ausnahme bleibt Johann Natterer, der 18 lange Jahre in den Regen- und Buschwäldern Brasiliens überlebt hat. Der zäheste war allerdings Edward Charles Stuart Baker, der in Assam von einem Nashorn niedergetrampelt, zweimal von Büffeln verletzt wurde und durch den Biss eines Leoparden den linken Arm verlor. Auch einarmig war Baker noch ein exzellenter Schütze. Vor diesem Hintergrund erscheint es nicht so abwegig, wie der Berliner Vogelkurator Anton Reichenow den jungen Zoologen Oskar Heinroth 1901 zu seiner Südsee-Expedition verabschiedete: »Viel Glück, bisher ist noch keiner lebend zurückgekommen.« Heinroth überlebte den Überfall von Stammeskriegern nur knapp und mit einem Speer in der Wade, doch mehr als 20 Gefährten kamen um. Seine Sammlung konnte Heinroth gerade noch retten.

Dank der aktiven Sammeltätigkeit ungezählter Naturforscher hatte man bereits ein Jahrhundert später einen umfassenden Überblick über die Vogelarten der Welt gewonnen, und auf der Weltkarte gab es nur noch wenige weiße Flecken.

Das wichtigste Utensil der Sammler war die Schusswaffe, eine kleinkalibrige Flinte, damals als Tesching jedermann bekannt. Sie war preiswert, leicht zu tragen (und zu verbergen) und vor allem für Schüsse aus kurzer Distanz geeignet. Die Patronen enthielten eine Füllung aus feinem Schrot mit Bleikügelchen von 1,5 mm Dicke: den »Vogeldunst«. Damit wurde praktisch jeder Vogel zum erreichbaren Ziel. Gerade die kleinen Arten konnte man mit einem Schuss zuverlässig erlegen. Wenn man das Opfer seitlich traf, ließen sich große Schussverletzungen eher vermeiden, sodass man den erbeuteten Vogel hinterher ordentlich präparieren konnte. Doch längst nicht jeder Vogel ließ sich nach dem Abschuss auch finden, oft war die Vegetation zu dicht. Britische Ornithologen haben für solche nicht belegbaren Nachweise ein geflügeltes Wort: »What's hit is history, what's missed is mystery.«

Oben: Konservieren und Präparieren von erlegten Vögeln auf Sulawesi, 1930.

Rechte Seite: Skizze eines weiblichen Schwarzschnabelturako *Tauraco schuetti* von James Chapin im Kongo 1910. Solche Zeichnungen gehörten zu den essenziellen Aufzeichnungen der Expedition und dienten später als Grundlage für die Beschreibung neuer Arten.

NICHTS ALS SAMMELN UND PRÄPARIEREN

Ein Vogelsammler war den ganzen Tag beschäftigt. Frühmorgens war die beste Zeit zum Beobachten und Jagen. Anschließend mussten die erlegten Vögel präpariert, etikettiert, getrocknet und verpackt werden. »Das sorgfältige Präparieren, wozu ich Wiegen, Messen, anatomische Nachprüfung, Schädelteilreinigung, Skizzen und noch manches andere rechne, nimmt selbst für den Geübtesten so viel Zeit in Anspruch, dass er sich hüten wird, mehr Vögel zu schießen, als seine Zeit erlaubt«, schrieb O. Kleinschmidt. Gewerbsmäßige Sammler, die vom Verkauf der Vögel an Museen oder Naturalienhändler lebten, hatten nicht selten Einheimische angeheuert, die in größerem Stil Vögel jagten und präparierten. So war ein ganzes Heer von Sammlern im Auftrag von Lord Rothschild unterwegs, der bis 1932 das größte Vogelmuseum der Welt besaß.

Handel und Tausch von Bälgen spielte in Fachkreisen eine große Rolle. Alle Kuratoren waren miteinander vernetzt, Kataloge wanderten hin und her. Jeder Sammlungsvorsteher hatte das Ziel der Vollständigkeit vor Augen und wollte von jeder Art mindestens ein Exemplar besitzen. So besaß das Zoologische Museum in Berlin (Vorläufer des Naturkundemuseums) 1813, beim Antritt des neuen Direktors H. Lichtenstein laut Inventarbuch zwar nur 2000 Vogelpräparate; diese stammten allerdings von 900 Arten, damals eine beeindruckende Zahl. Heute ist es erstrebenswerter, zum Beschreiben der Variabilität größere Serien von jeder Art zu besitzen. Im 19. Jahrhundert bezeichnete man die überzähligen Exemplare als Dubletten, sie waren ein wichtiges Tauschmittel. Ihr Verkauf brachte das nötige Geld in die stets klammen Museumskassen, damit man andernorts fehlende Stücke erwerben konnte. Mithilfe des Dubletten-Handels konnte Lichtenstein die Berliner Sammlung beträchtlich erweitern, denn der Staat Preußen hätte dafür keine Mittel zur Verfügung gestellt. Doch nicht nur Sammler und Dubletten-Handel sorgten für neues Anschauungsmaterial: Gelegentlich schickte auch Christian Ludwig Brehm eins seiner »Kistchen« mit Bälgen an befreundete Kuratoren, um sie von seinen speziellen Kriterien für die Beschreibung neuer Arten zu überzeugen – was jedoch nur selten gelang.

KLEINES MEKKA DER RARITÄTEN

Nicht nur fremdländische und exotische Formen waren begehrt, es bestand auch große Nachfrage nach Seltenheiten unter den einheimischen Arten. Die Insel Helgoland galt dafür als hervorragende Quelle. Auf dem Herbstzug rasten auch heute noch Unmengen von Zugvögeln aus Skandinavien und Sibirien auf Helgoland, darunter nicht selten Irrgäste aus den Weiten des Ostens, die es immer wieder dorthin verschlägt. Seit Menschengedenken fing und schoss auf Helgoland jeder, der konnte, im Herbst Vögel. Sie

Nicht nur fremdländische und exotische Formen waren begehrt, es bestand auch große Nachfrage nach Seltenheiten unter den einheimischen Arten. Die Insel Helgoland galt dafür als hervorragende Quelle.

—

waren eine schmackhafte Abwechslung im eintönigen Speiseplan der Inselbewohner und wurden zudem auf norddeutschen Märkten feilgeboten. Als ab 1826 der Tourismus auf Helgoland einsetzte, beteiligten sich auch noch die Gäste am Spektakel der Vogeljagd. Der Verleih von Flinten florierte und manche Badegäste hatten den Wunsch, ihre Trophäen mit nach Hause nehmen. Daher gab es bald den ersten Präparator auf Helgoland. Mittlerweile konnte man die Insel mit dem Dampfschiff leicht erreichen, und so kamen immer mehr Vogelkundler, die sich vor allem für die Raritäten interessierten. In Heinrich Gätke, einem Maler und Autodidakten, der auf Helgoland lebte, fanden sie einen überaus kompetenten Gleichgesinnten. Gätke hatte eine bedeutende Balgsammlung angelegt; das führte schließlich dazu, dass einige Kollegen mit Bälgen handelten und viele deutsche Sammlungen jahrzehntelang mit Helgoländer Vögeln versorgten.

Museumskuratoren und Sammler standen weltweit in regem Austausch. Die Sammler erhielten Wunschlisten und Anweisungen von den Museen, und ihre Pakete wurden mit Spannung erwartet. Während viele Sammler hervorragende feldbiologische Erfahrungen besaßen, hatten manche Kuratoren nie in ihrem Leben an einer Expedition teilgenommen. Aber mit ihren Balgkenntnissen und theoretischem Wissen konnten die Kuratoren jede Art exakt bestimmen und einordnen, auch wenn sie diese Vögel niemals lebend kennengelernt hatten. Manchen Sammler wird es gewurmt haben, dass er zwar die neue Vogelart entdeckt hatte, doch die Museumsforscher den Ruhm der Erstbeschreibung einheimsten. Allerdings war die mit einer Neubeschreibung verbundene sorgfältig vergleichende Arbeit draußen im Freiland nicht durchführbar. Immerhin wurde manche neue Art zu Ehren ihres Entdeckers benannt. Vielleicht haben die Freilandzoologen sich damit getröstet, dass das Sammeln in der Natur viel interessanter und aufregender war als das eintönige Sortieren von Bälgen in der stickigen Enge der Museen.

DREI EIER VOM SÜDPOL

Die weltreisenden Vogelsammler haben oft gewaltige Mengen an Bälgen und Vogeleiern herbeigeschafft und so die Museen gefüllt. Möglicherweise hat der deutschstämmige Naturforscher und Naturschützer Walter Koelz im Lauf seiner vielen Asien-Expeditionen die größte Anzahl zusammengetragen: über 60 000 Bälge! Trotz dieser hohen Abschusszahlen bleibt aber jeder erlegte Vogel ein einzigartiges Individuum. Das war vielen Sammlern sehr wohl bewusst. So schrieb der nachdenkliche Polarforscher Edward A. Wilson: »I feel a beast when I kill anything.«

Wilsons ornithologische Biografie ist bemerkenswert: Mit seinen Teamkollegen H. Bowers und A. Cherry-Garrard wollte er Kaiserpinguin-Eier sammeln, die nie zuvor in ein Museum gelangt und deshalb sehr gesucht waren. Kaiserpinguine brüten im Winter. Folglich wanderten die Forscher 1911 im dunklen Südpolarwinter vom Basislager auf der Ross-Insel hundert Kilometer zur nächsten Kaiserpinguin-Kolonie. Es herrschte Sturm mit Temperaturen von bis zu 70 Grad Minus, als sie sich durch Eis und Schnee quälten. All

Unten: Lastenträger während einer Expedition im Kongo, ca. 1890.

Rechte Seite: Prinz Max zu Wied und sein indigener Mitarbeiter Joachim Quäck 1817 mit erlegtem Hellrotem Ara *Ara macao* im brasilianischen Regenwald. Gemälde von JH Richter 1828.

diese Strapazen nur um ein paar Eier für das Natural History Museum in London zu sammeln! Die Expedition wurde zum Horror, und es ist ein Wunder, dass die drei den Marsch überhaupt überlebt haben. Sie gilt als die schlimmste und härteste aller Zeiten. Cherry-Garrard schrieb später: »Endlich hatten wir die Eier, die von allergrößtem Wert für die Wissenschaft waren.« Nur einige Monate später erreichte Robert F. Scott zusammen mit Wilson und Bowers den Südpol. Auf dem Rückweg kam die gesamte Mannschaft um. Doch für die Ablieferung von drei Kaiserpinguin-Eiern – heute gehören sie zu den berühmtesten Objekten des Natural History Museums – erhielt Cherry-Garrard nicht einmal ein Wort des Dankes.

Noch einmal zurück zur Frage, ob in modernen Zeiten überhaupt noch Vögel für die Wissenschaft gesammelt werden müssen? In Ausnahmefällen durchaus, z. B. wenn es um eine neue, noch unbeschriebene Art geht. Dann ist die Tötung eines Belegexemplars unabdingbar. Ohne den Holotypus fehlen entscheidende Informationen für alle zukünftige Forschung, die das neue Taxon betrifft. Der bizarre Fall des Bulo-Burti-Würgers zeigt, wo es hinführen kann, wenn man auf ein Belegexemplar verzichtet: In Somalia war 1988 ein nicht identifizierbarer Buschwürger beobachtet worden, weit und breit der einzige derartige Vogel, offensichtlich eine noch unbekannte und extrem seltene Art. Da die Beobachter Angst hatten, die potenzielle neue Spezies direkt nach der Entdeckung mit einem Schuss auszurotten, fingen sie den Vogel, fotografierten ihn und nahmen eine Feder- und Blutprobe. Vorsichtshalber hielt man ihn jedoch in einem Käfig. Im Chaos des somalischen Bürgerkrieges sah man sich allerdings gezwungen, den Würger nach Deutschland auszufliegen. Dort lebte er 14 Monate in einer Voliere. Eine damals noch neuartige und heute veraltete DNA-Analyse belegte, dass der Vogel tatsächlich eine neue Spezies repräsentierte. Schließlich brachte man das lebendige Belegexemplar mit enormem logistischem Aufwand zurück nach Somalia und ließ es dort frei. Der Vogel verschwand im Nu und dürfte bald umgekommen sein. In der publizierten Neubeschreibung erhielt er den provokanten Namen *Laniarius liberatus* (der freigelassene Buschwürger). Das ungewöhnliche Vorgehen seiner Entdecker führte zu heftigen Diskussionen in der Fachwelt. Bald sah es so aus, als ob die neue Art tatsächlich bereits ausgestorben sei, denn sie wurde nie wieder nachgewiesen. Deshalb rollte ein internationales Team den Fall zwanzig Jahre später wieder auf und verglich mit verbesserten Methoden die alte Blutprobe mit der DNA aller bekannten Buschwürger-Arten. Das Ergebnis: Es handelte sich überhaupt nicht um eine neue Spezies, sondern lediglich um die Farbmorphe einer anderen, häufigen *Laniarius*-Art. Fazit: Ohne vollständiges Referenzexemplar bleiben Irrtümern Tür und Tor geöffnet.

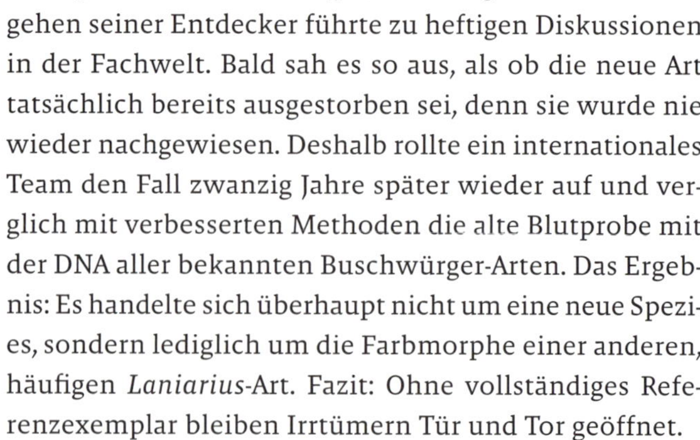

Das nächste Kapitel handelt von der modernen Vogelpräparation und den Aufgaben der Präparatoren in einer Vogelsammlung.

Schuko
3:1
Apoxie
Sculpt

Die Aufgaben der Präparatoren

Konservieren, Dokumentieren, Ordnen

Die Geschichte der wissenschaftlichen Vogelsammlungen ist nicht nur mit Wissenschaftlern, Forschungsreisenden und Sammlern verknüpft, sondern ganz wesentlich auch mit den Präparatoren. Ohne ihre sachkundige Arbeit könnten die umfangreichen Bestände an Vogelbälgen, Standpräparaten, Skeletten oder einzelnen Knochen, Alkoholpräparaten, Eiern, Nestern, Federsammlungen und Gewebebanken gar nicht existieren.

Seite 40: Blick in die Präparationswerkstatt. Volontärin Giulia Bianconi präpariert einen Kolkraben. Museum für Naturkunde, Berlin.

Unten: Die letzten Feinarbeiten an einem frisch montierten Präparat eines Spix-Ara. Präparator Jürgen Fiebig im Museum für Naturkunde, Berlin.

Rechte Seite: Zum Vergleich nebeneinander – Bälge und ein Standpräparat von Eichelhähern. Museum für Naturkunde, Berlin.

Bis zum 20. Jahrhundert spielten aufgestellte bzw. Standpräparate in den naturkundlichen Sammlungen die größte Rolle. Seither haben die platzsparenden und standardisierten Bälge solche montierten Stücke abgelöst. Die Fertigung neuer Präparate gehört ebenso zur Tätigkeit der Präparatoren wie Erhalt und Pflege der gesamten Sammlung. Ferner ist es in Sammlungen wichtig, einheitliche Vogelbälge herzustellen, die in Rückenlage zu Vergleichszwecken nebeneinander liegen und in Schubfächern oder Kästen einfach und sicher aufbewahrt werden können.

Vor hundert Jahren konnte jeder Expeditionsreisende Bälge anfertigen; manche hatten es darin zur Perfektion gebracht, andere weniger. Viele Sammler hatten ihren eigenen Präparierstil, sodass deren Bälge auch heute noch an ihrer unverwechselbaren Handschrift erkennbar sind. Jedem war auch bewusst, dass man nicht lange mit der Präparation eines Vogels warten durfte, denn der Verwesungsprozess setzte sehr schnell ein, in den Tropen schon binnen ein bis zwei Stunden. Deshalb zog man dort als Erstes mit einem hakenförmigen Instrument die Innereien aus dem After und verschloss die Körperöffnungen mit Watte. Blut und andere Sekrete hätten sonst das Gefieder unnötig verschmutzt. Innerhalb eines Tages hatte man die meisten Vögel zu Bälgen verarbeitet, je nach Jagderfolg erinnerte das an Fließbandarbeit. Der professionelle Vogelsammler Rollo Beck, der im Auftrag mehrerer amerikanischer Museen arbeitete, schaffte einen Kleinvogelbalg in zehn Minuten, was als rekordverdächtig gelten kann. Natürlich benötigte man ein Vielfaches dieser Zeit, um einen ansehnlichen und haltbaren Balg herzustellen. Daher fertigten manche Sammler unter den oft schwierigen und strapaziösen Expeditionsbedingungen lediglich Rohbälge an, die praktisch nur aus der abgezogenen Haut mit Federn, Schnabel, Flügeln und Füßen bestanden und erst später im Museum sorgfältig zu vollwertigen Bälgen verarbeitet wurden. Heute ist das alles anders, denn es gibt Gefriertruhen, in denen tote Tiere in luftdichter Verpackung über Jahre aufbewahrt werden können, ohne auszutrocknen.

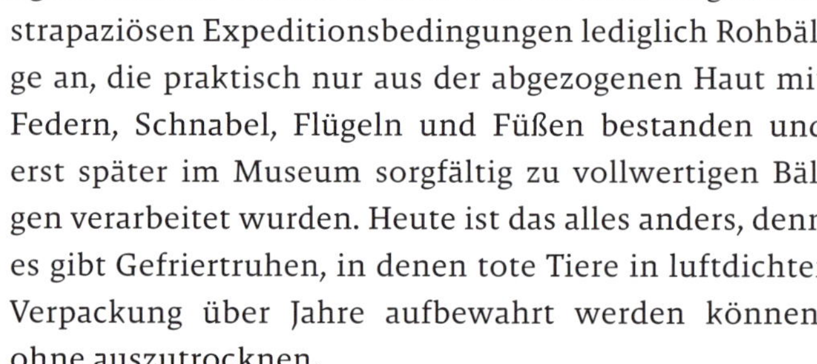

VOGELPRÄPARATION IST KUNSTHANDWERK

Das Handwerk der Vogelpräparation blickt auf eine lange Tradition zurück. Die erste illustrierte Präparieranleitung verfasste Etienne François Turgot im Jahr 1758; ihr folgten viele weitere, darunter die Leitfäden der großen Ornithologen Johann Friedrich Naumann und Christian Ludwig Brehm. Heute haben Präparatoren, die in einer wissenschaftlichen Sammlung arbeiten, eine mehrjährige Ausbildung hinter sich und besitzen meist enormes ornithologisches Detailwissen. Während frühere Bälge unter den herrschenden Expeditionsbedingungen oft nicht schön gerieten und selten von allem Unterhaut-

Vor hundert Jahren konnte jeder Expeditionsreisende Bälge anfertigen; manche hatten es darin zur Perfektion gebracht, andere weniger. Viele Sammler hatten ihren eigenen Präparierstil, sodass deren Bälge auch heute noch an ihrer unverwechselbaren Handschrift erkennbar sind.

—

fett befreit waren, sind die modernen, professionell präparierten Bälge auch ästhetisch ansprechend. Der Arbeitsraum der Präparatoren erinnert fast an einen Operationssaal. Durch sorgfältiges Arbeiten, perfektes Entfetten und Gerben der Haut ist es inzwischen nicht mehr nötig, den Balg mit starken Giften zu behandeln – heutzutage ist daher das hochtoxische Arsen überflüssig, das noch in den 1970er Jahren als Mittel gegen Insektenfraß unverzichtbar war.

Wenn ein Vogel – heute meist ein Totfund aufgrund von Kollisionen mit Autos oder Fensterscheiben – dauerhaft für eine Sammlung konserviert werden soll, dann werden zuerst Funddatum, -ort und -umstände notiert. Während der Präparation werden u. a. Maße und Gewicht, Alter und Geschlecht, Augenfarbe, Mauserzustand, Informationen zu inneren Organen, Größe der Gonaden, Mageninhalt und ein eventueller Parasitenbefall dokumentiert. Möglichst alle diese Informationen gehören auf das Etikett, das an den Füßen befestigt wird. Es enthält neben der Registriernummer quasi die Biografie des Vogelindividuums und ist für weiteres wissenschaftliches Arbeiten mit diesem Objekt essenziell. Ohne einen solchen »Personalausweis« ist der Balg wertlos

Bei der Präparation wird die Bauchhaut vom After bis zum Brustbein längs eröffnet und der Vogel abgebalgt, d. h. seine Haut sukzessive vom Körper abgelöst. Nach dem Abtrennen von Extremitäten, Kopf und Schwanz, der Ent-

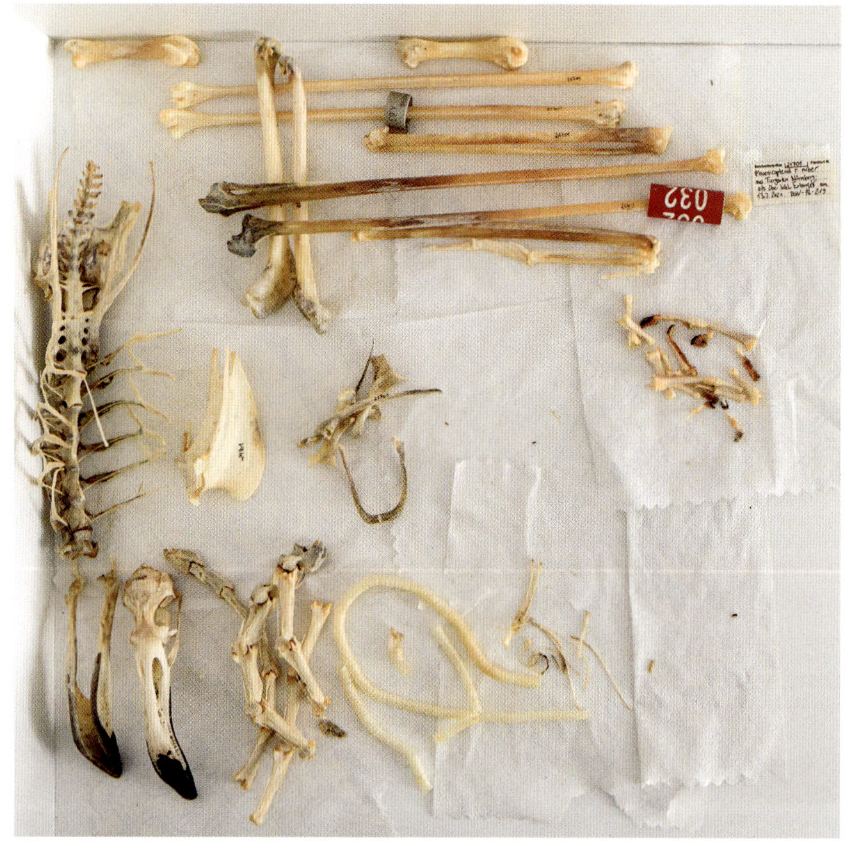

Oben: Vollständiges Skelett eines Rosaflamingos mit seinen Einzelteilen für die Knochensammlung. Senckenberg Naturmuseum, Frankfurt..

Rechte Seite: Utensilien und Technik der Vogelpräparation im frühen 19. Jahrhundert. Tafel aus der Taxidermie von Johann Friedrich Naumann, 1815.

fernung von Gehirn und Geweberesten sowie der peniblen Entfettung der Haut wird das Gefieder gewaschen. Die verbliebenen Skelettteile werden zur Stabilisation mit Drähten verbunden, dann ein künstlicher Körper z. B. aus Watte modelliert. Schließlich wird die manchmal papierdünne federtragende Haut, die möglichst nicht reißen sollte, über den Ersatzkörper gestülpt. Zum Schluss näht der Präparator den Hautschnitt zu. Der noch feuchte Balg lässt sich leicht formen, sein Gefieder wird glatt gestrichen, Flügel und Füße an den Körper geschmiegt, Schnabel und Schwanz senkrecht ausgerichtet. Es ist eine regelrechte Kunst, das oft aus tausenden Federn bestehende Gefieder eines Vogels aufs Feinste zu ordnen und zurechtzustreichen. Nach der anschließenden Trocknung liegt ein leichtes, stabiles Präparat vor, das für lange Zeit haltbar bleibt und sich in der Hand gut untersuchen lässt. Je sauberer der Balg aufbereitet ist, desto länger ist er als Beleg und Arbeitsmaterial nutzbar.

Nach dem Motto »One researcher's trash is another's treasure«, wird heute beim Präparieren nichts mehr verworfen. Muskelgewebe und innere Organe werden in Gewebebanken für spätere Untersuchungen, speziell für die immer wichtiger werdenden DNA-Analysen verwahrt, Knochen gelangen in Knochensammlungen. Speziell das Sammeln von Knochen hat man lange vernachlässigt, doch inzwischen gewinnt es zunehmende Bedeutung für ökomorphologische, paläontologische und viele andere Fragestellungen. Für ein Knochenpräparat behandelt man den entnommenen Rumpf oder auch den gesamten Vogel durch Mazeration enzymatisch und chemisch, bis nur die Knochen übrig bleiben. Immer häufiger kommen alternativ Speckkäfer und ihre Larven zum Einsatz, die effektiv alles Fleisch von den Knochen abnagen. Der Vorteil der Käfer ist, dass selbst zarteste Skelette im Verbund bleiben. Inzwischen gehört eine Speckkäferzucht zur Standardausstattung eines Präparationslabors. Will man einen Vogel in seiner Gesamtheit erhalten, dann eignet sich die Aufbewahrung in Alkohol. Gerade empfindliche Objekte, wie nestjunge Küken, oder einzelne Organe werden am besten in Alkohol konserviert.

Eine über lange Zeit gewachsene und große Museumssammlung ist unersetzlich. Es liegt in der Verantwortung der Museen, diese zu pflegen und zu schützen. Dunkle Räume sollen das Ausbleichen der Federn verhindern. Die größte Gefahr aber sind Museumskäfer (die zur Familie der Speckkäfer gehören) und vor allem Kleidermotten, die mit ihrem Fraß Haut und Federn

Aber auch jedes einzelne Objekt braucht Pflege. Auf den Zustand der Etiketten muss geachtet und immer wieder muss Ordnung in den Schubladen hergestellt werden. Taxonomische Änderungen erfordern Neubeschriftungen und Umräumen in der Sammlung.

—

irreversibel zerstören und so enormen Schaden anrichten. Früher imprägnierte man die Bälge mit Arsen und versuchte, die Sammlungsräume durch scharf riechende Mottenkugeln aus Naphthalin oder Paradichlorbenzol insektenfrei zu halten. Beide Substanzen sind jedoch nicht einmal insektizid und inzwischen wegen ihrer Toxizität verboten. Moderne Sammlungsräume haben Belüftungsanlagen und sind heruntergekühlt. Heutzutage setzt man ein integriertes Pest-Management ein, z. B. Pheromonfallen für Schadinsekten, regelmäßiges Überwachen der Räume und Kontrollieren von Schubladen, um einen Befall möglichst früh zu entdecken und sofort lokal zu handeln. Neu erworbene Bälge müssen zuerst in die Quarantäne des Gefrierschrankes, bevor sie in eine Sammlung übernommen werden. Diese präventiven Maßnahmen sind insgesamt erstaunlich effektiv.

JEDES PRÄPARAT BRAUCHT AUFMERKSAME PFLEGE

Aber auch jedes einzelne Objekt braucht Pflege. Auf den Zustand der Etiketten muss geachtet und immer wieder muss Ordnung in den Schubladen hergestellt werden. Taxonomische Änderungen erfordern Neubeschriftungen und Umräumen in der Sammlung. Hier treffen sich die Aufgaben von Sammlungspräparatoren und Sammlungsmanagern. Defekte Präparate müssen repariert, viele von Staub und Schmutz befreit werden. Das gilt vor allem für die Standpräparate, die oft zu den ältesten Objekten der Sammlung gehören. Im Museum für Naturkunde in Berlin hat man extra eine Absauganlage angeschafft, in der jedes Präparat gereinigt wird. Damit lässt sich auch die Arsenkontamination reduzieren.

Wie schon mehrfach erwähnt, ist der Zuwachs der Sammlungen viel geringer als früher, da heute nur noch selten aktiv gesammelt wird. Doch in zahlreichen Ländern sammeln Wissenschaftler für ihre Institutionen nach wie vor planvoll Vögel, gerade auch solche aus entlegenen Regionen. In Deutschland dagegen halten sich Zahl und Spektrum der Neuzugänge in Grenzen. Neben Totfunden handelt es sich um Vögel, die in den Zuchtanlagen von Zoos und spezialisierten Züchtern eingegangen sind. Gelegentlich gelangen größere Zahlen an toten Vögeln in die Museen, darunter auch unerwartete oder seltene Arten wie Seevögel nach einer Ölpest oder ertrunkene Wasservögel, z. B. zahlreiche Eisenten, die an der Ostsee aus Reusen oder Fischernetzen geborgen werden. Manchmal werden sogar von Windrädern erschlagene Seeadler, Rotmilane oder Trappen vorbeigebracht. Die Berliner Präparatoren waren sicherlich völlig überrascht, als einmal aus der Antarktis eine ganze Palette erfrorener junger Kaiserpinguine angeliefert wurde, die in einem Schneesturm umgekommen waren.

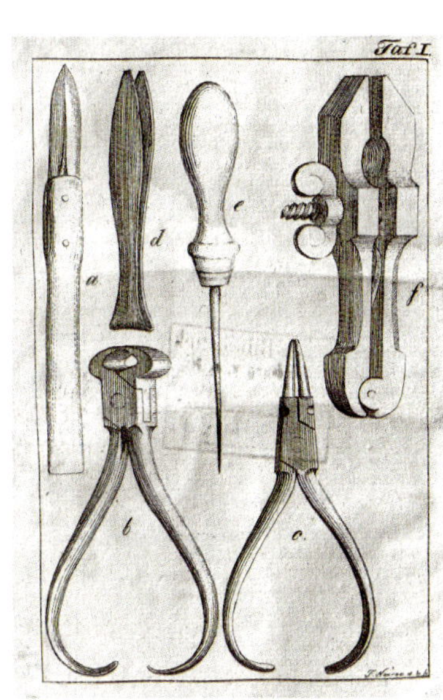

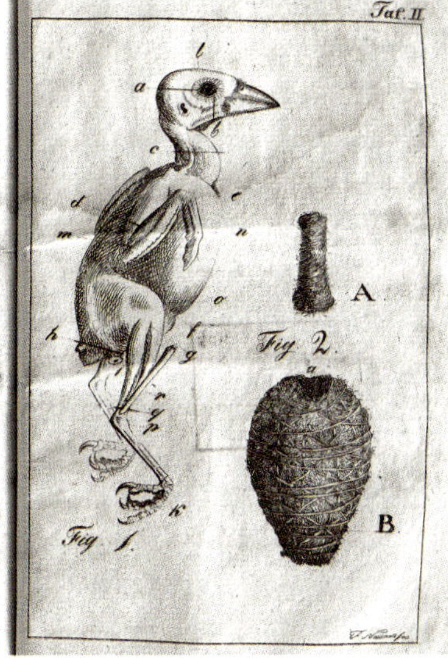

Im nächsten Kapitel beschäftigen wir uns mit dem Wandel der wissenschaftlichen Arbeit in den Vogelsammlungen und blicken in ihre Zukunft.

Museums-ornithologie auf dem Weg in die Zukunft

»The Extended Specimen«

Im September 1930 schrieb Erwin Stresemann, Kurator der größten deutschen Vogelsammlung, seinem Schüler Ernst Mayr in New York: »Die Zeit der Balgsystematik ist bald abgelaufen. Wir müssen auf neuen Bahnen vorausgehen.« Damit prophezeite Stresemann einen Paradigmenwechsel, der zwar erst in jüngerer Zeit, dafür aber umso radikaler stattfindet.

Seite 46: Blick in die Schubladen der Vogelsammlung des NHM Wien. Kurator Swen Renner, rechts, und Sammlungsmanager Hans-Martin Berg im Naturhistorischen Museum Wien.

Unten: Darstellung der geografischen Variation von Rotschwänzen der Gattung *Phoenicurus* mit den zugehörigen Bälgen. Tafel aus Otto Kleinschmidts *Berajah* 1907. Museum Alexander Koenig, Bonn.

Rechte Seite: Gewebe- und Blutproben aus dem Gefrierschrank der Vogelsammlung des Naturhistorischen Museums in Wien.

Über 150 Jahre hinweg war das Tätigkeitsfeld der Museumsornithologen klar umrissen: Balgmaterial erwerben, die Neuzugänge bestimmen, beschreiben, vergleichen und in Kategorien einordnen. Dabei handelte es sich um wichtige Grundlagenarbeit, für die Ernst Mayr die Begriffe Alpha- und Beta-Taxonomie geprägt hat. Im Gegensatz dazu steht die Gamma-Taxonomie, die komplexere Aspekte der Evolution erforscht und nach kausalen Antworten für die Vielfalt sucht. Mit den modernen Methoden und Konzepten des 20. und 21. Jahrhunderts eröffnet sich hier ein großes Forschungsfeld.

Bis in die 1950er Jahre lag das Zentrum der ornithologischen Forschung in den Museumssammlungen. Ihre Kuratoren gehörten zu den einflussreichsten Ornithologen und haben Außerordentliches geleistet, darunter den Aufbau der Sammlungen sowie die Neubeschreibung von rund 11000 Vogelarten und ungezählten Unterarten. Aus diesen vielen Mosaiksteinen ließ sich ein phylogenetisches System der Vögel ableiten. Nebenbei entstanden Artenlisten für ganze Kontinente sowie Bestimmungsschlüssel für die Identifizierung schwierig unterscheidbarer Spezies. Auch frühe morphologische Studien, z. B. zur Funktion von Flügeln oder Schnäbeln oder zur geografischen Verbreitung, waren nur möglich, da die Museumssammlungen genügend Vergleichsmaterial lieferten. Als man dieses Material mit klimatologischen und ökologischen Faktoren in Beziehung setzte, ließen sich weitere Gesetzmäßigkeiten wie z. B. die Bergmann'sche erkennen und formulieren. Zwar arbeiteten die Balgforscher nicht selten nur »im stillen Kämmerlein«, doch waren sie hochspezialisierte und erfahrene Fachleute. Ihre Publikationen prägten die Fachzeitschriften.

Ab dem frühen 20. Jahrhundert wurden Ferngläser und Kameras für breitere Kreise verfügbar, etwas später das Auto als Fortbewegungsmittel, außerdem wurden immer mehr Reisen in entfernte Länder erschwinglich. Dadurch erlebte die bis dahin vernachlässigte Freilandornithologie einen gewaltigen Aufschwung. Es war der Übergang von der sogenannten Flinten- zur Fernglas-Ornithologie – ein Wandel, der das Fach vollständig veränderte. Teilgebiete wie die Faunistik, Ökologie oder Verhaltensbiologie rückten in den Fokus. Für die wachsende Zahl der Hobbyornithologen eröffneten sich vielfältige Betätigungsfelder. Gleichzeitig verloren die Museumssammlungen an Attraktivität, zunächst schleichend, ab den 1970er Jahren rapide. Immer mehr Mitarbeiterstellen wurden gekürzt und die Budgets zusammengestrichen, sodass die wissenschaftlichen Abteilungen der Museen zusehends verkümmerten. Parallel dazu richtete sich der Fokus an den Universitäten zunehmend auf die Molekular- und Zellbiologie, während die Organismische Biologie, also die traditionelle Forschung über Pflanzen und Tiere, ins Hintertreffen geriet. Auch die Vogelabteilungen der Naturkundemuseen vermittelten

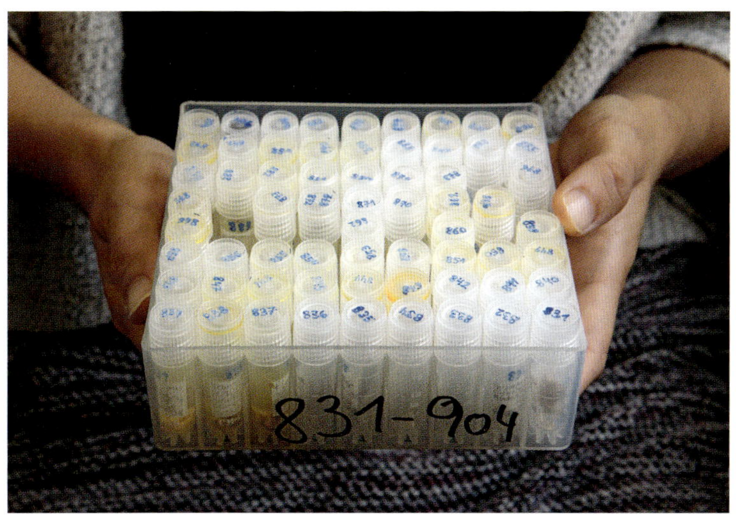

oft eine gewisse angestaubte Antiquiertheit, als wären sie in einen Dornröschenschlaf gefallen. Logisch, dass die Museumsornithologen immer weniger wissenschaftliche Arbeiten publizierten, die Museumsornithologen immer weniger wissenschaftliche Arbeiten.

THEMENWECHSEL IN DER MUSEUMSORNITHOLOGIE

Doch der Tiefpunkt ist überwunden – es geht wieder aufwärts für die sammlungsbasierte Forschung. Hierbei spielen mehrere Gründe eine Rolle. Die Molekularbiologie, anfänglich von einigen als Konkurrenz zur Organismischen Biologie betrachtet, bietet seit den 1980er Jahren das Werkzeug, um ganz neue Themen in der Biosystematik zu erforschen. Eine Reihe neuartiger Verfahren von der DNA-Analytik bis hin zum Next Generation Sequencing eröffnete das neue Feld der molekularen Systematik. Diese kann verlässlichere Informationen liefern als die fehleranfällige Interpretation äußerer Merkmale. Mithilfe der aus Museumsmaterial gewonnenen artspezifischen DNA-Sequenzen von Markergenen – das Verfahren wird auch als DNA-Barcoding bezeichnet – lässt sich nun die gesamte globale Biodiversität einfach und praktisch erfassen. Daher ist auch den Wissenschaftspolitikern inzwischen klar geworden, welchen Wert und Potenzial naturkundliche Sammlungen haben: Sie enthalten das historische Vergleichsmaterial für zukunftsweisende Studien, denn sie fungieren als Archive bzw. Datenbanken der globalen Biodiversität, die über lange Zeiträume gewachsen sind. Heutzutage wäre es nicht mehr möglich, ein derartiges Archiv aufzubauen.

Der von Stresemann vorausgesagte Paradigmenwechsel ist gewaltig. Die Vogelsammlungen bildeten die Basis der traditionellen taxonomischen Forschung. Inzwischen werden sie in einem viel weiter gefassten Rahmen genutzt und dienen als Archiv und Materialquelle, um populationsbiologische, ökologische oder andere Themen zu erforschen, die auch für den Naturschutz relevant sind. Dieser weiter gefasste Rahmen soll im Konzept des »Extended Specimen« zum Ausdruck kommen, das kürzlich von amerikanischen Ornithologen entwickelt wurde. Der Name leitet sich vom Begriff des »Extended Phenotype« ab, den der Evolutionsbiologe Richard Dawkins 1982 geprägt hat. Unter diesem »erweiterten Phänotyp« versteht Dawkins die Summe sämtlicher Effekte, die auf die Gene eines Organismus zurückzuführen sind, sozusagen »den langen Arm der Gene«. Das bedeutet, dass auch Phänomene, die durch das Verhalten eines Organismus bedingt sind, wie die Wahl eines Nistplatzes oder die Form eines Vogelnests, Teil des Extended Phenotype sind.

Wenn man das Konzept des »Extended Specimen« zugrunde legt, eröffnen sich etliche neue Arbeitsgebiete für die Museumsornithologie, in denen alle naturwissenschaftlichen Methoden zum Einsatz kommen. Nur einige Beispiele: Pigmente oder Schillerstrukturen des Gefieders, die z. T. den Rang sexueller

Wenn man das Konzept des »Extended Specimen« zugrunde legt, eröffnen sich etliche neue Arbeitsgebiete für die Museumsornithologie, in denen alle naturwissenschaftlichen Methoden zum Einsatz kommen.

Unten: Vergleichende Balgstudien in der Sammlung. Kurator Till Töpfer im Museum Alexander Koenig in Bonn.

Rechte Seite: Serie von Wanderfalkengelegen aus unterschiedlichen Zeiträumen und unterschiedlichen Regionen.
Die morphologische und biochemische Untersuchung solcher Datenreihen trug dazu bei, den Zusammenbruch der Falkenpopulationen in den 1970er Jahren zu erklären. Museum Alexander Koenig, Bonn.

Ornamente einnehmen, werden spektroskopisch untersucht und neu interpretiert; dreidimensionale Darstellungen mithilfe radiologischer Methoden ermöglichen Einblicke in den Körperbau und erklären so Funktionsweisen unter ökomorphologischen Aspekten; der Einsatz von Isotopen eröffnet Rückschlüsse auf Ernährung, Aufenthaltsbereiche, Wanderwege, Mauserzeiten, Infektionen oder Pestizide. Die aus den Bälgen mithilfe von DNA-Analysen gewonnenen Genomdaten werden in Datenbanken zugänglich gemacht, um den Ornithologen weltweiten Zugriff zu ermöglichen. Allerdings ist die DNA in Bälgen oft schon abgebaut, sodass man bestenfalls kurze DNA-Abschnitte sequenzieren kann. Für genomische Untersuchungen wird gut erhaltene DNA benötigt, die man aus Blut- und Gewebeproben gewinnen kann.

DAS POTENZIAL DER TEAMARBEIT

In großen Forschungsnetzwerken wie dem Biodiversity Collections Network werden jedoch nicht nur Genomdaten gesammelt. Längst geht es nicht mehr nur um Gewebsproben eines Individuums oder bisher wenig beachtetes Material wie Nahrungsproben, Parasiten oder ökologische Daten vom Sammelort, sondern auch um Ton- und Filmaufnahmen, um nur einige zu nennen. Außerdem werden Daten aus anderen Fachgebieten, z. B. Klimatologie oder Geografie, eingespeist und verknüpft; so wächst das Potenzial für interdisziplinäre Kooperationen ständig.

Das Konzept des »Extended Specimen« ist zwar neu, doch verfuhr man schon früher nach derartigen Prinzipien. Ein berühmtes Beispiel betrifft das DDT und den Zusammenbruch der Wanderfalkenpopulationen auf der Nordhalbkugel: Seit den 1950er Jahren gingen die Bestände massiv zurück, und man stellte fest, dass die Eischalen immer dünner und brüchiger wurden, sodass kaum Küken schlüpften. Dank der Museumssammlungen verfügte man über Zeitreihen von Falkeneiern, deren Schalen auf Dicke und DDT-Gehalt untersucht wurden. Das Ergebnis: je mehr DDT, desto dünner die Schalen – kein Wunder, denn DDT hemmt die Schalendrüsen. Es wurde damals häufig als Insektizid in der Landwirtschaft eingesetzt und reicherte sich in Wanderfalken besonders stark an, da diese als Vogeljäger an der Spitze der Nahrungspyramide stehen. Als DDT schließlich verboten wurde, erholten sich die Populationen der Wanderfalken und anderer Greifvögel allmählich – und die Falkeneier der Museumssammlungen hatten wesentlich zur Lösung des Problems beigetragen!

Eine gänzlich neue, aber zunehmend wichtige Mission der Forschungsmuseen betrifft die Ausbildung von Studenten, organismisch arbeitenden Biologen, Ökologen, Umweltpädagogen und Naturschutzbiologen. Fachleute mit naturkundlichen Spezialkenntnissen werden immer seltener. Angesichts des dramatisch schrumpfenden biologischen Allgemeinwissens, das von Fachjournalisten schon als biologisches Analphabetentum bezeichnet wurde, wird die Ausbildungsaufgabe der Museen immer dringlicher. Tatsächlich existieren an den Naturkundemuseen beste Voraussetzungen und Möglichkeiten, um taxonomisches Fachwissen zu trainieren. Die Universitäten können diese Aufgaben nicht mehr leisten.

> Eine gänzlich neue, aber zunehmend wichtige Mission der Forschungsmuseen betrifft die Ausbildung von Studenten, organismisch arbeitenden Biologen, Ökologen, Umweltpädagogen und Naturschutzbiologen. Fachleute mit naturkundlichen Spezialkenntnissen werden immer seltener.

SCHATZTRUHEN FÜR DIE ZUKUNFT

Die vielen Fragen, die sich inzwischen in wissenschaftlichen Vogelsammlungen beantworten lassen, zeigen, welche »Schatztruhen« der Biodiversität die Forschungsmuseen darstellen. Denn wo sonst findet man Präparate, die über einen Zeitraum von bis zu 250 Jahren aus allen Teilen der Welt zusammengetragenen wurden? Als Gesellschaft tragen wir Verantwortung und Verpflichtung für ihren physischen Erhalt. Die Naturkundemuseen müssen konservatorisch und baulich modernisiert und gesichert werden; hierfür müssen angemessene Finanzmittel bereitgestellt und der Stab der Mitarbeiter vergrößert werden. Vor dem Hintergrund der chronischen Personalknappheit in den Museen war es nur eine Frage der Zeit, bis Diebe nicht nur das Horn von Nashörnern, sondern auch seltene Vogeleier raubten und die Bälge bunter Vögel zerstörten, um deren Federn teuer zu verkaufen. Im Zweiten Weltkrieg sind ganze Sammlungen durch das Kriegsgeschehen unwiederbringlich vernichtet worden. Die Zoologische Abteilung des portugiesischen Nationalmuseums ist 1978 einer Feuersbrunst zum Opfer gefallen und noch 2018 brannte in Brasilien das 200 Jahre alte Naturhistorische Nationalmuseum bis auf die Grundmauern nieder – nach jahrzehntelangen Budgetkürzungen. Die eindringlichen Warnungen der Kuratoren blieben ungehört. So etwas darf nicht noch einmal passieren.

Der Verlust der biologischen Vielfalt wird immer dramatischer und ist längst zur Krise geworden: der Biodiversitätskrise, die gemeinsam mit der Klimakrise das größte Problem für die Menschheit darstellt. Vor diesem Hintergrund werden die Forschungsmuseen mit ihren naturkundlichen Sammlungen wichtiger und wertvoller als je zuvor. In Politik und Gesellschaft verdienen sie mehr Aufmerksamkeit als bisher, denn sie bergen ein gewaltiges Naturerbe und sind die internationalen Kompetenzzentren der biologischen Vielfalt. Sie bieten Lösungen für den Erhalt der Natur und die Zukunft der Menschheit. Schon für Alexander von Humboldt stand fest: »Alles hängt mit allem zusammen.« Je mehr Forscher an diesen Themen arbeiten, umso besser.

Kakatoe galerita

Ceryle rudis, (L.)
Graufischer
Ceryle rudis, (L.)
Graufischer

IM MUSEUM

Zur Abteilung
„Vögel"
Knoblauch 2

Auge in Auge

Beim Gang durch den Saal mit den gläsernen Vitrinen sieht mich ein Vogel an, regungslos, mit starrem, festem Blick, geradeso wie ein Vogel in der freien Natur. Und als Wildlife-Fotograf suche ich den geeigneten Blickwinkel, mit passendem Hintergrund und gutem Lichteinfall … Der Vogel steht noch immer ruhig da …

Seite 56:
AUERHUHN
Tetrao urogallus,
Museum Alexander Koenig,
Bonn

Links:
SIBIRISCHER UHU
Bubo bubo sibiricus,
Museum Alexander Koenig,
Bonn

Oben:
HELMKASUAR
Casuarius casuarius,
Museum für Naturkunde,
Berlin

GOLIATHREIHER *Ardea goliath*
und PURPURREIHER *Ardea purpurea*,
Museum Alexander Koenig,
Bonn

GROSSER ADJUTANT
Leptoptilos dubius,
Museum Alexander Koenig,
Bonn

PURPURHUHN
Porphyrio porphyrio,
Museum für Naturkunde,
Berlin

FURCHENHORNVOGEL
Rhyticeros undulatus,
Museum für Naturkunde,
Berlin

BASSTÖLPEL
Sulla bassana,
Museum Alexander Koenig,
Bonn

KRONENKRANICH
Balearica pavonina,
Museum Alexander Koenig,
Bonn

DB
SCHE
Typ IV

BUNTSCHARBE
Poikilocarbo gaimardi,
Museum Alexander Koenig,
Bonn

SCHUHSCHNABEL
Balaeniceps rex,
Museum Alexander Koenig,
Bonn

WOLLKOPFGEIER
Trigonoceps occipitalis,
Museum Alexander Koenig,
Bonn

KÖNIGSGEIER
Sarcoramphus papa,
Museum Alexander Koenig,
Bonn

Vogelbälge

Nichts liegt ungeordnet oder offen herum in diesen großen Sälen mit den dunklen, aneinandergereihten Schränken. Hinter deren verschlossenen Türen verbergen sich in Hunderten von Schubladen und Kästen penibel katalogisiert Tausende von Vogelbälgen. In jeder geöffneten Schublade offenbart sich ihre Schönheit, mal verhalten oder gar düster, mal feurig und bunt.

Seite 70:
QUETZAL
Pharomachrus mocinno,
Naturhistorisches Museum,
Wien

Unten:
BIENENFRESSER
Merops apiaster,
Museum für Naturkunde,
Berlin

Rechts:
PIROL
Oriolus oriolus,
Museum für Naturkunde,
Berlin

B M
Coracias oriolus L.
Ryssel L.
ZMB 2000/24509
Oriolus oriolus
Oriolidae
loc.: Nalchik, Kabardino-Balkaria, North Caucasian Federal District, Russ
leg.: Ryssel, Eduard, 05.1901
det.:
age: adult
sex: ♂
Museum für
Naturkunde Berlin

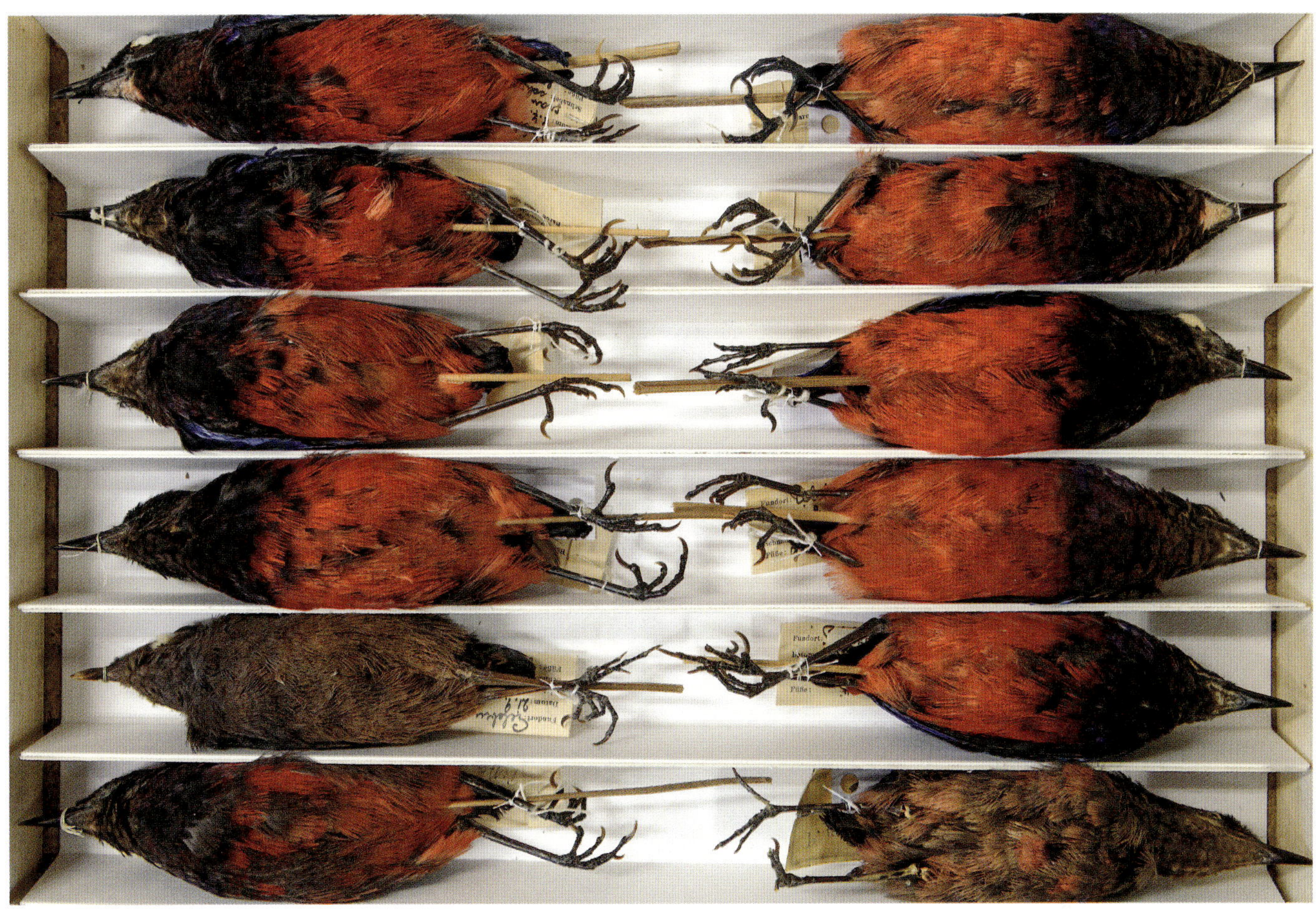

Oben:
GRANATPITTA
Pitta granatina,
Museum für Naturkunde,
Berlin

Links:
GOLDSPECHT
Colaptes cafer,
Naturhistorisches Museum,
Wien

Seite 76:
FELDLERCHE
Alauda arvensis,
Museum Alexander Koenig,
Bonn

Seite 77:
STAR
Sturnus vulgaris,
Museum für Naturkunde,
Berlin

Sturnus vulgaris
30.v.09 ♂
Reinickendorf

ROTER SICHLER
Eudocimus ruber,
Museum Alexander Koenig,
Bonn

ROSAFLAMINGO
Phoenicopterus roseus,
Museum Alexander Koenig,
Bonn

Oben:
RIESENTURAKO
Corythaeola cristata,
Museum Alexander Koenig,
Bonn

Rechts:
FEUERHORNVOGEL
Buceros hydrocorax,
Senckenberg Naturmuseum,
Frankfurt

Seite 82:
VIEHSTELZEN
Mortacilla flava,
Museum Alexander Koenig,
Bonn

K.K.naturhistorisches
Hofmuseum in Wien
Zoolog. Abtheil.

Seite 83:
SIEBENFARBENTANGARE
Tangara chilensis,
Naturhistorisches Museum,
Wien

Links:
KALIFORNISCHER KONDOR
Gymnogyps californianus,
Senckenberg Naturmuseum,
Frankfurt

Oben:
KALIFORNISCHER KONDOR
Gymnogyps californianus,
Senckenberg Naturmuseum,
Frankfurt

Unten:
BRAUNER PELIKAN
Pelecanus occidentalis,
Senckenberg Naturmuseum,
Frankfurt

Rechts:
ROSAFLAMINGO
Phoenicopeterus ruber,
Senckenberg Naturmuseum,
Frankfurt

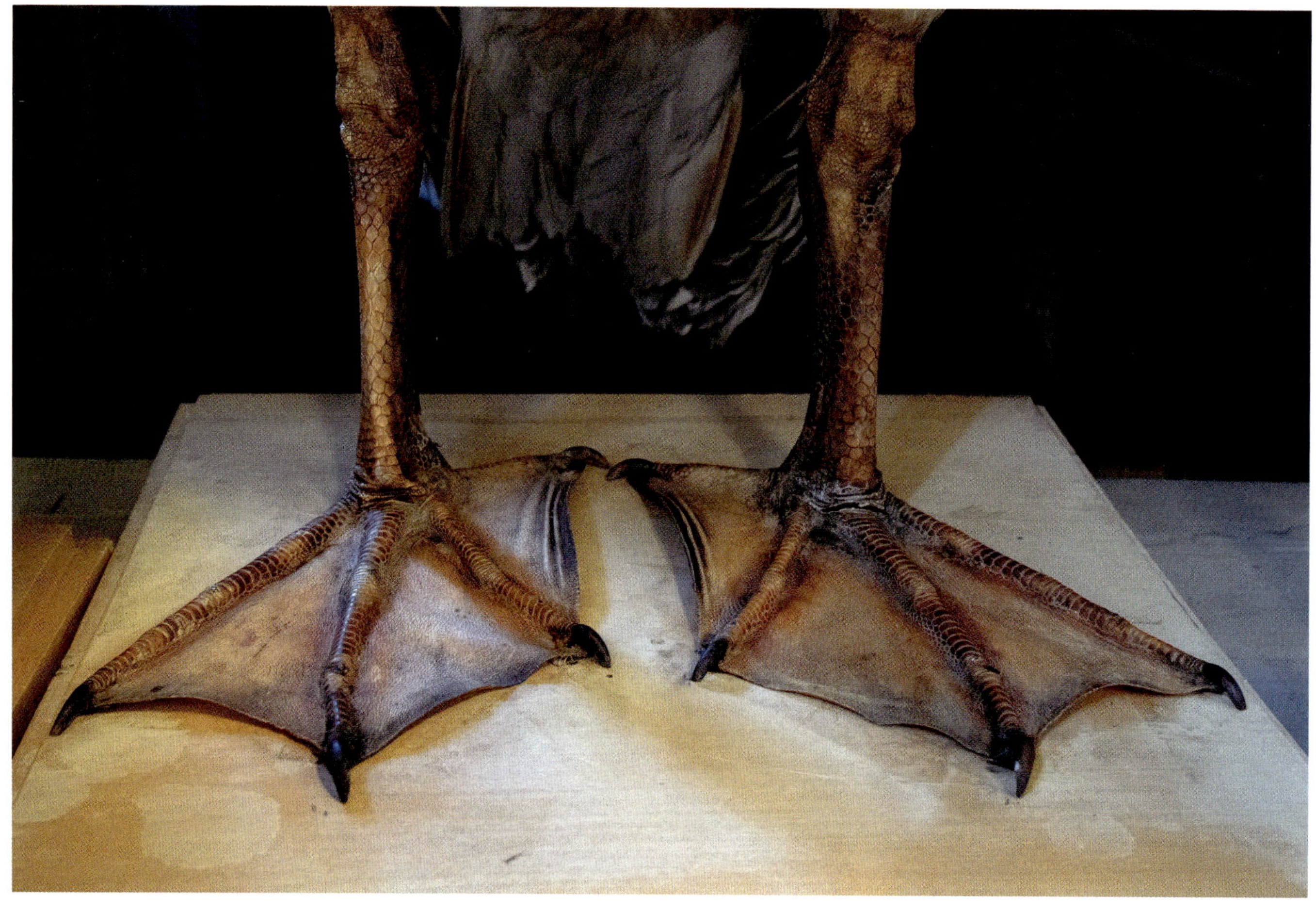

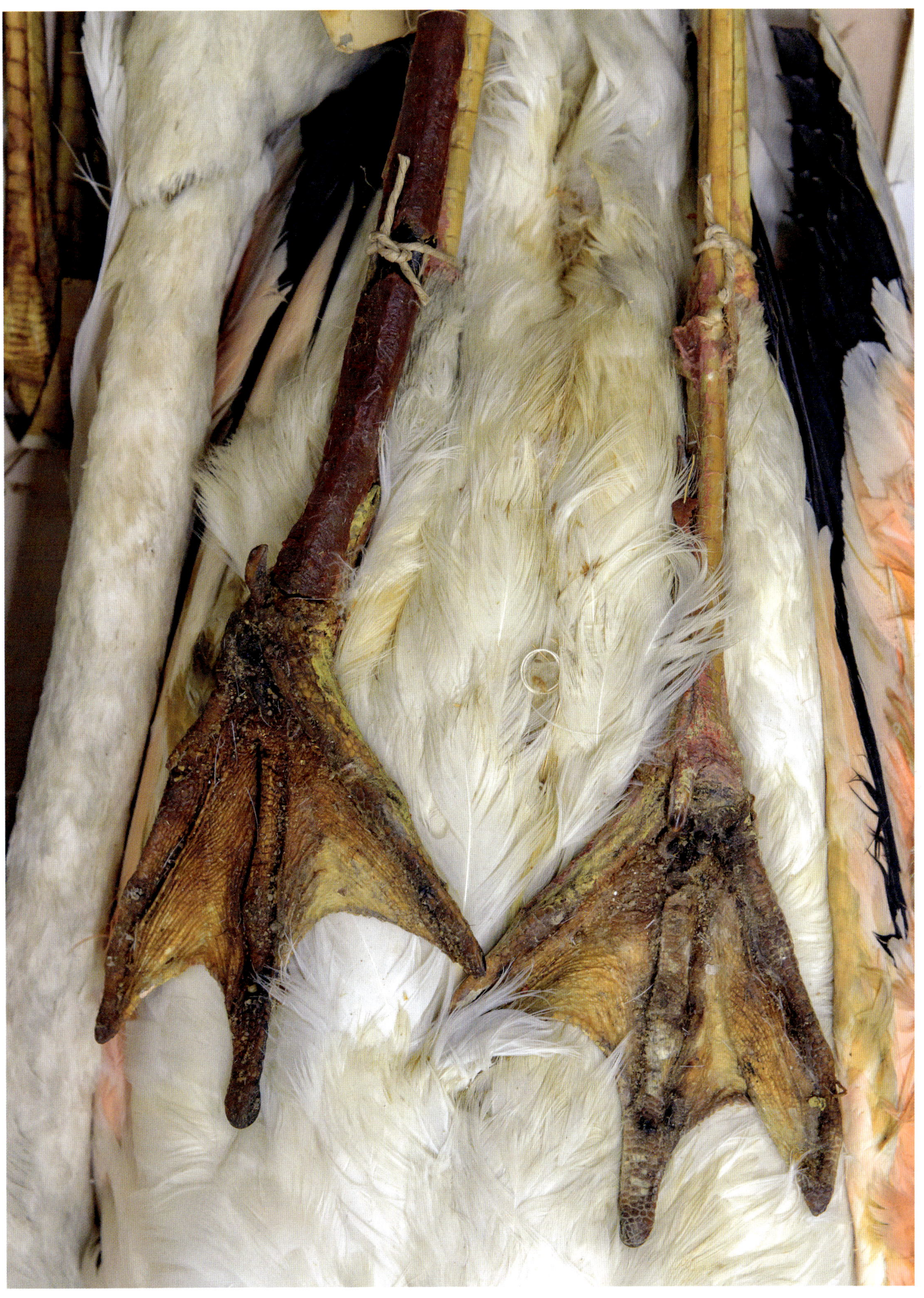

Ausgerottet

In den Schränken, Schubladen und Schachteln gibt es einige Vögel, nicht einmal wenige, die genauso schön und lebensecht aussehen wie die anderen. Aber es sind Vögel, die es nicht mehr gibt. Mit einer Mischung aus Ehrfurcht und Traurigkeit mache ich meine Fotos. Und so sehr mir diese Vögel auch gefallen, ich kann nirgendwo hinreisen, um sie zu sehen. Dabei ist es ein Glück, dass es von diesen Arten immerhin noch ein paar Museumsstücke gibt: für unsere Erinnerung. Andere Vögel wie der Dodo oder Moa wurden ausgerottet, ohne dass man heute genau weiß, wie sie eigentlich ausgesehen haben.

Seite 88:
ROSENKOPFENTE
Rhodonessa caryophyllacea,
Naturhistorisches Museum,
Wien

Oben:
TÜRKIS-ARA
Anodorhynchus glaucus,
Naturhistorisches Museum,
Wien

Rechts:
KUBA-ARA
Ara tricolor,
Naturhistorisches Museum,
Wien

Ara tricolor

Picus imperialis
Mexiko fem. Gould 1832
19265

KAISERSPECHT, Weibchen
Campephilus imperialis,
Museum für Naturkunde,
Berlin

RIESENALK
Alca impennis,
Museum für Naturkunde,
Berlin

WANDERTAUBE
Ectopistes migratorius,
Museum für Naturkunde,
Berlin

KAISERSPECHT, Männchen
Campephilus imperialis,
Naturhistorisches Museum,
Wien

Knochen und Skelette

So recht will es mir nicht gelingen, all diese Vogelskelette in den Vitrinen als Verkörperung von Tod und Vergänglichkeit zu sehen. Zu sehr erinnern diese zusammenmontierten Knochengerüste an lustige Marionetten aus der Puppenkiste, mit ihren viel zu großen Köpfen und den grotesk wirkenden Füßen. Es sind kleine Persönlichkeiten, manchmal nahezu Karikaturen ihrer selbst.

Seite 96:
HELMKASUAR
Casuarius casuarius,
Museum Alexander Koenig,
Bonn

Unten:
FELDEGGSFALKE
Falco biarmicus,
Museum Alexander Koenig,
Bonn

Rechts:
KORMORAN
Phalacrocorax carbo,
Museum Alexander Koenig,
Bonn

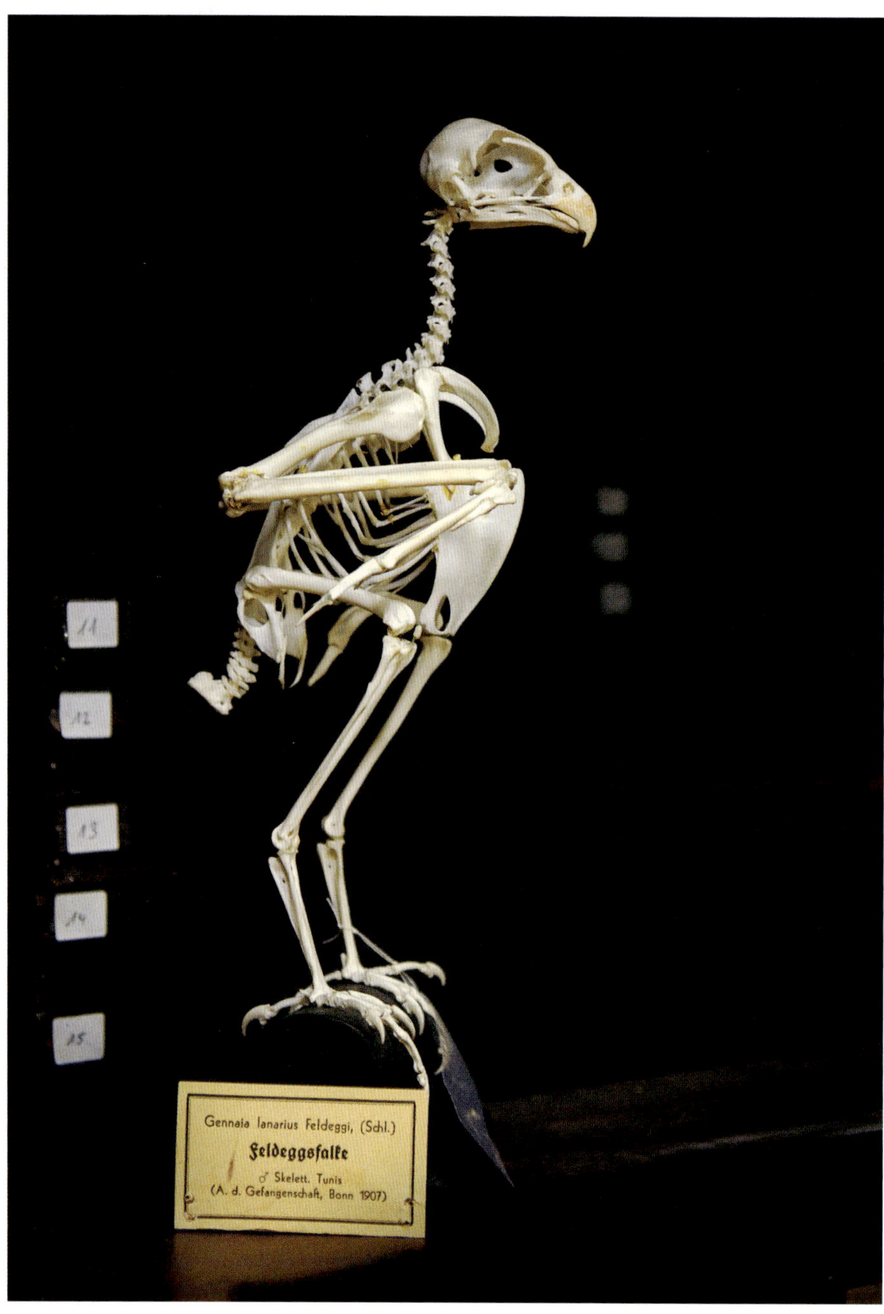

rnis longicauda
(Bodd.)
Pyrrhura vittata (Shaw.)
fem.
Palaeornis torquata
(Bodd.)
Palaeornis longicauda
mas. (Bodd.)

Trichoglossus novae hollan
diae (Gm.)
Rockhampton
Tricharia cyanogaster
fem. (Vieill.)
Triclaria cyanogaster
mas. (Vieill.)
Palaeornis fasciata
(St. Müll.)

ZMB 2000 / 674
Elanus spec.
Accipitridae
ZMB 2000 / 693
Circus cyaneus
Accipitridae
ZMB 2000 / 669
Buteo magnirostris
Accipitridae
Zoologischer Garten, 12.12.1889
Museum für Naturkunde Berlin
ZMB 2000 / 677
Haliastur indus
Accipitridae
Zoologischer Garten, 25.07.1889
Museum für Naturkunde Berlin
ZMB 2000 / 665
Asturina nitida plagiata
Accipitridae
Presidio / Californien
Museum für Naturkunde Berlin
ZMB 2000 / 646
Neophron percnopterus
Accipitridae
Nubien
Museum für Naturkunde Berlin

Seiten 101–102:
Papageienskelette,
Museum für Naturkunde,
Berlin

Links:
Greifvogelskelette,
Museum für Naturkunde,
Berlin

Unten:
PELIKAN
Pelecanus,
Museum für Naturkunde,
Berlin

GRÜNSPECHT
Picus viridis,
Museum Alexander Koenig,
Bonn

MARABU
Leptoptilos crumeniferus,
Museum Alexander Koenig,
Bonn

Federn und Farben

Für manchen ist es ein Glück, eine einzelne schöne Vogelfeder im Wald zu finden und nach Hause zu tragen. Bei anderen wurden Federn zur Passion, sie sortierten liebevoll das komplette Großgefieder von Vögeln, klebten es übersichtlich auf große Papierbögen und produzierten hierdurch nüchterne wissenschaftliche Belege mit einer ganz eigenen Ästhetik.

Seite 106:
GRAURÜCKEN-LEIERSCHWANZ
Menura novaehollandiae,
Museum Alexander Koenig,
Bonn

Unten:
SEEADLER- STEUERFEDERN
Haliaeetus albicilla,
Museum Alexander Koenig,
Bonn

Rechts:
PFAU
Pavo cristatus,
Museum Alexander Koenig,
Bonn

Seite 110:
PIROL
Oriolus oriolus
Museum Alexander Koenig,
Bonn

Phil. et Med. Dr. Ludwig Kerschner: Zur Zeichnung der Vogelfeder.
Ein Teil der Rückgratsflur eines jüngeren Pfauhahnes in natürliche Reihen in Bezug auf Stellung und Zeichnung zerlegt.
II.
Eigentum des k. k. zool. zootom. Institutes der Univers. zu Graz.
zur Augenfeder
zur (quergebänderten) Dune.
zur blaugrünen Halsfeder

Oriolus oriolus juv.
Zoot. Forschungsmuseum A. Koenig
Sammlung Dr. Ekkehard Küsters
ZFMK ORN 2014.5283
2/2
Oriolus oriolus juv.
Zool. Forschungsmuseum A. Koenig
Sammlung Dr. Ekkehard Küsters
ZFMK ORN 2014.5383
1/2

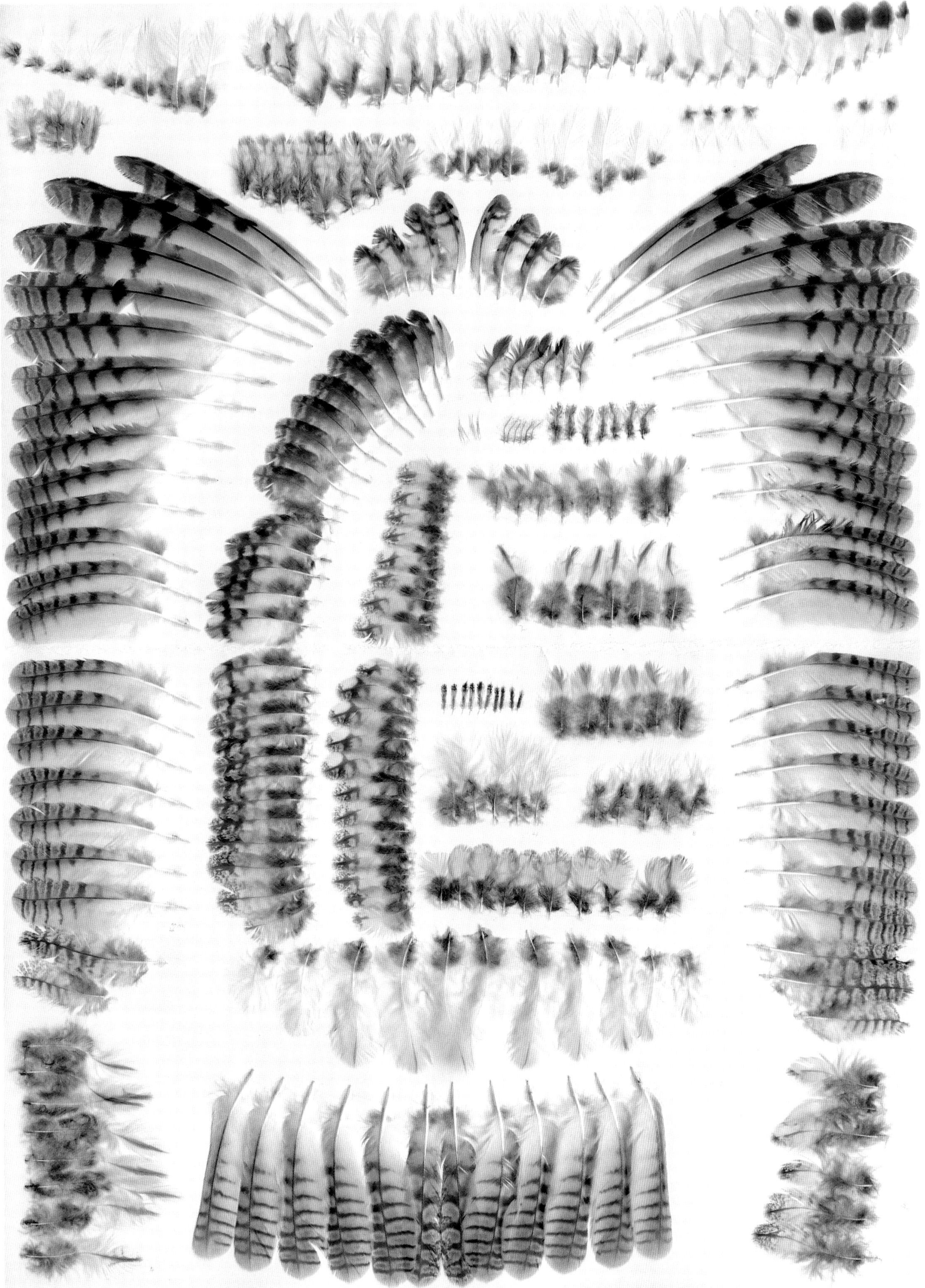

Seite 111:
WALDOHREULE
Asio otus,
Museum Alexander Koenig,
Bonn

Links:
GROSSER ADJUTANT
Leptoptilos dubius,
Museum Alexander Koenig,
Bonn

Unten:
HOHLTAUBE
Columba oenas,
Museum Alexander Koenig,
Bonn

KAPPENPITTA
Pittas sordida
und ANGOLAPITTA
Pitta angolensis,
Museum für Naturkunde,
Berlin

HELLROTER ARA
Ara macao,
Museum für Naturkunde,
Berlin

Beine vom Storch
aus Husum

Nass-Sammlung

Seit es Glas und Alkohol gibt, wird beides genutzt, um Tiere zu konservieren. Ein Gang durch die Nass-Sammlung eines Museums erzeugt bei einigen Betrachtern allerdings ein leichtes Gruselgefühl. Und vielleicht kann ein nass eingelegter Vogel nicht mit einem schön hergerichteten Balg konkurrieren, aber es ist von hohem Wert, dass man dank dieser Konservierungsmethode etwa auf das Gewebe von inneren Organen zugreifen kann, auch von längst ausgestorbenen Vögeln.

Flamingo
Februar 38.
Zool. Gart.

Seite 116:
WEISSSTORCH
Ciconia ciconia
und ROSAFLAMINGO
Phoenicopterus ruber,
Museum für Naturkunde,
Berlin

Links:
CHILEFLAMINGO
Phoenicopterus chilensis,
Museum für Naturkunde,
Berlin

Unten:
LAPPENHOPF
Heteralocha acutirostris,
Museum für Naturkunde,
Berlin

STAR
Sturnus vulgaris,
Jungvogel,
Museum für Naturkunde,
Berlin

TÜPFELSUMPFHUHN
Porzana porzana,
Jungvogel,
Museum für Naturkunde,
Berlin

AFRIKANISCHER STRAUSS
Struthio camelus,
Jungvogel,
Museum für Naturkunde,
Berlin

SAATKRÄHE
Corvus frugillegus,
Jungvogel,
Museum für Naturkunde,
Berlin

ZMB B 21713
Corvus frugilegus
Corvidae
Deutschland, Hönow
leg.: Lemm
det.:
Museum für Naturkunde Berlin

Eier und Nester

Vogeleier zu sammeln ist heute streng verboten, wurde früher aber nicht nur von ernsthaften Wissenschaftlern betrieben, sondern war ein verbreitetes Hobby von nicht selten geradezu besessenen Amateuren. Auch einige dieser privaten Sammlungen haben den Weg in die Museen gefunden und vermitteln mit ihren zusammengesuchten Pappschächtelchen und liebevoll hergestellten Holzkästen Einblick in eine längst vergangene Zeit.

Seite 124:
Ei eines ausgestorbenen Elefantenvogels
Aepyornis, Madagaskar,
Museum Alexander Koenig,
Bonn

Links:
Eier von einigen Steißhuhnarten
Tinamus,
Museum Alexander Koenig,
Bonn

Unten:
Eier von Trottellummen
Uria aalge,
Museum Alexander Koenig,
Bonn

Sperber grasmücke
Naturw. Museum
Wuppertal
Sumpfrohrsänger
Gartengrasmücke
Naturw. Museum
Wuppertal
Sumpfrohrsänger
Naturw. Museum
Wuppertal
2 Dorngrasmücke
Naturw. Museum
Wuppertal
Naturw. Museum
Wuppertal
Sumpfrohrsänger
Naturw. Museum
Wuppertal
Feldpost
An den
Feldpostnummer
Gelb-spötter
HEINZ LEHMANN

Seite 128:
Nester verschiedener Sperlingsvögel, Museum Alexander Koenig, Bonn

Seite 129:
Eier und Nest verschiedener Entenarten, Museum Alexander Koenig, Bonn

Unten und rechts:
Eier verschiedener Vogelgruppen, Museum Alexander Koenig, Bonn

Burhinus oedicnemus
Dendrocopos major

Oben und rechts:
Singvogel-Gelege,
Museum Alexander Koenig,
Bonn

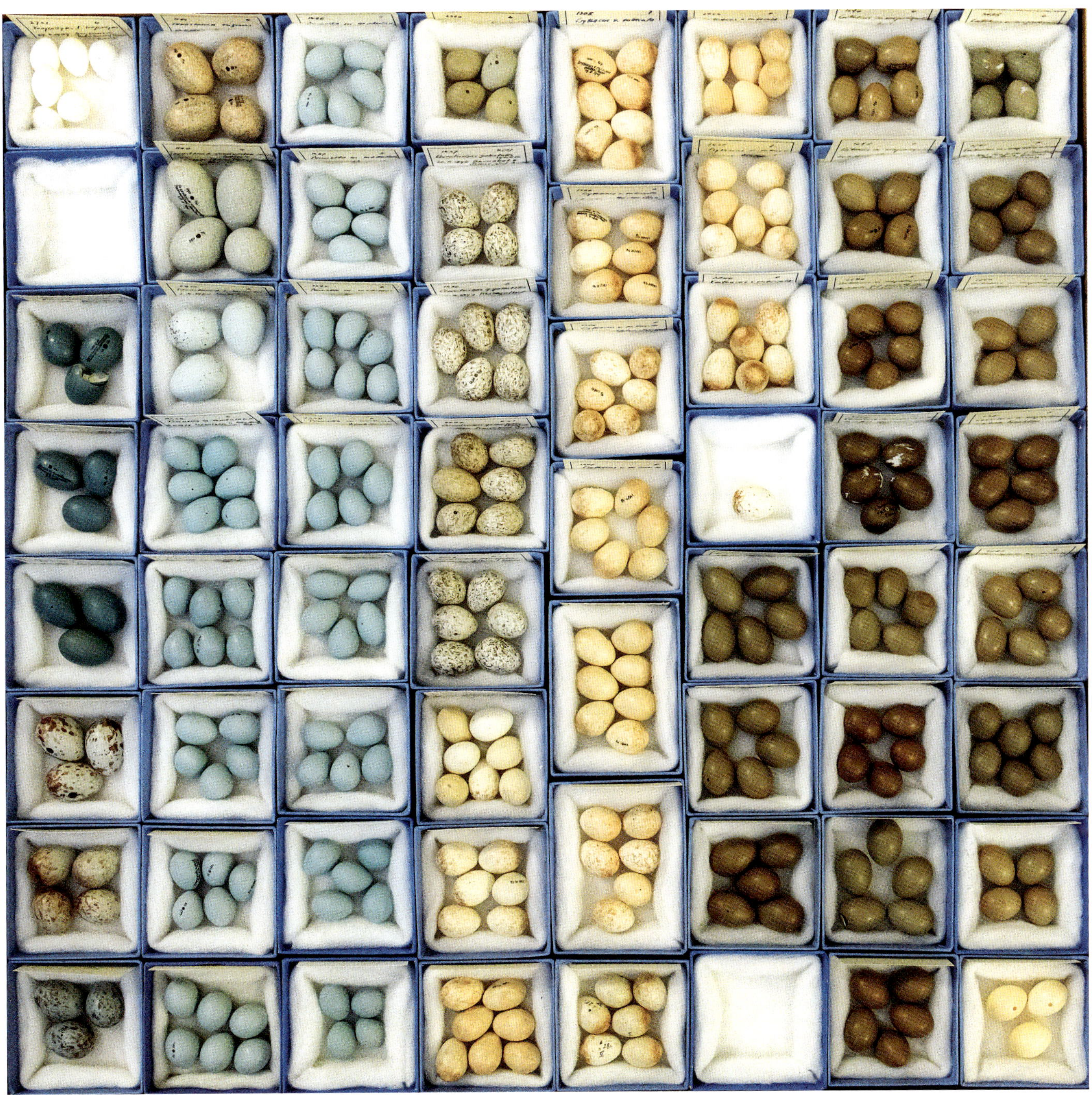

Kakadu
Exoten

Geselligkeiten

Die scheinbare Zufälligkeit, mit der die Vögel in die Schränke gestellt wurden, oft nach systematischen Gesichtspunkten, schafft bisweilen großartige Arrangements voll unerwarteter Schönheit. Man muss sie nur entdecken. Johann Friedrich Naumann überließ schon vor fast zwei Jahrhundertn nichts dem Zufall, als er seine Vitrinen einrichtete. Lange bevor man Tiere in ihrem Lebensraum fotografisch festhalten konnte, baute er illusionäre Räume mit sorgfältig arrangierten Vögeln und gemalten Hintergründen. Diese haben sich bis heute original erhalten und bieten über die wissenschaftliche Bedeutung hinaus eine sinnliche Freude.

Aquila fasciata
Aquila fasciata
Aquila fasciata

Seite 134:
ORANGEHAUBENKAKADU
Cacatua sulphurea,
Naumann-Museum,
Köthen

Links:
HABICHTSADLER
Aquila fasciata,
Museum für Naturkunde,
Berlin

Oben:
PURPURHUHN
Porphyrio porphyrio,
Naturhistorisches Museum,
Wien

Ardetta minuta, (L.)
Zwergrohrdommel
Nestkleid. Winkel a. Rh.
Ardetta minuta, (L.)
Zwergrohrdommel

Zwergrohrdommel
Nycticorax griseus, (L.)
Nachtreiher
♂ ad. leg. A. Koenig, Gebel Harridi
Ober-Aegypten 14. IV. 1897

Seiten 138–139:
NACHTREIHER
Nycticorax nycticorax,
ZWERGROHRDOMMEL
Ixobrychus minutus,
Museum Alexander Koenig,
Bonn

Oben:
WEISSNACKENKRANICHE
Grus vipio,
Museum für Naturkunde,
Berlin

Rechts:
BARTGEIER
Gypaetus barbatus,
Naturhistorisches Museum,
Wien

SAAL XXIX

F. cenchris
Röthelfalke
Männchen
15

Oben:
PELIKANE
Pelecanidae
Naumann-Museum,
Köthen

Links:
RÖTELFALKE
Falco naumanni,
Naumann-Museum,
Köthen

Seite 144:
DROSSELN
Gattung *Turdus,*
Naumann-Museum,
Köthen

Seite 145:
WIEDEHOPF
Upupa epops,
MAUERLÄUFER
Tichodroma muraria ,
WENDEHALS
Jynx torquilla,
KLEIBER
Sitta spec.,
Naumann-Museum,
Köthen

Singdrossel

Häherkuckuck
Wendehals, Gelbling
Präparat im Ofen getrocknet,
vor 1805
Baumläufer
Wiedehopf

Oben:
HAUBENTAUCHER
Podiceps cristatus,
ROTHALSTAUCHER
Podiceps grisegena,
Naumann-Museum,
Köthen

Unten:
ALPENSCHNEEHUHN
Lagopus mutus,
MOORSCHNEEHUHN
Lagopus lagopus,
Naumann-Museum,
Köthen

Rechts:
WENDEHALS
Jynx torquilla,
Naumann-Museum,
Köthen

Y. torquilla
8.

SILBERREIHER
Egretta alba,
KUHREIHER
Bubulcus ibis,
Naumann-Museum,
Köthen

ROSAFLAMINGE
Phoenicopterus ruber,
PURPURHUHN
Porphyrio porphyrio,
Naumann-Museum,
Köthen

IM PORTRÄT

Psittacus vasa
Shaw 1811
fem.

Humboldt und sein Jakob

Zwei Stars in Wissenschaft und Diplomatie

Unter den vielen tausend Sammlungsstücken im großen Vogelsaal des Berliner Naturkundemuseums befindet sich das Standpräparat eines Papageien, nicht bunt, wie man es erwartet, sondern schlicht dunkelgrau. Es handelt sich um einen Großen Vasapapagei *Coracopsis vasa* aus Madagaskar, der nicht so sehr ornithologisch als durch seine ungewöhnliche Geschichte bemerkenswert ist: Jakob, der treue »Hausfreund« Alexander von Humboldts (1769–1859).

Seite 154: Vasapapagei Jakob aus dem Besitz von Alexander von Humboldt, nach seiner Restaurierung im Museum für Naturkunde in Berlin.

Oben: Humboldt in seinem Arbeitszimmer in Berlin, vor 1857. Gemälde von Eduard Hildebrandt.

Rechte Seite links: Präparat eines Meisengimpels, von Peter Simon Pallas um 1770 in Sibirien gesammelt, mit massiven kriegsbedingten Schäden. Museum für Naturkunde, Berlin.

Rechte Seite rechts: Der im Zweiten Weltkrieg stark beschädigte Jakob vor seiner Restaurierung. Museum für Naturkunde, Berlin.

Dass er überhaupt noch existiert, grenzt an ein Wunder. Als im Zweiten Weltkrieg eine Granate den Vogelsaal traf und enorme Zerstörungen verursachte, wurde auch Jakob schwer beschädigt. Das Präparat war in erbärmlichem Zustand, die Haut an mehreren Stellen kahl, ein Flügel war verloren. Wäre er nicht Humboldts Papagei gewesen, hätte man ihn entsorgt. Seine Restaurierung wurde zur Herausforderung: Demontage vom Podest, Reinigung des Gefieders, Entfettung und Rückfettung der Federn, Erneuerung der durchgerosteten Drähte, Wiederherstellung der Stabilität, Neuformung des Körpers. Jede Hautpartie musste minuziös neu verklebt, die Struktur jeder Feder mit feinsten Instrumenten wiederhergestellt werden. Der restaurierte Jakob ist wahrhaft ein Phönix aus der Asche.

Seine Geschichte ist in der Tat spannend: Humboldt sah Jakob zum ersten Mal in Weimar beim Besuch seines Freundes Goethe. Der Papagei gehörte dessen Arbeitgeber, dem Großherzog Carl-August von Sachsen-Weimar. Dieser hatte seine Freude daran, wie intensiv sich Humboldt, der große Gelehrte, mit dem gelehrigen Papagei beschäftigte, und verfügte testamentarisch, dass der Naturforscher den Vogel einst erben sollte. Nach dem Tod des Großherzogs 1828 kam Jakob also zu Humboldt. Beide waren damals nicht mehr die Jüngsten. Denn Jakob war bereits zwischen 1782 und 1789 in Straßburg in den Besitz des späteren bayerischen Königs Maximilian I. gelangt, der ihn seinerseits von einem dort stationierten französischen Soldaten erworben hatte. Dieser hatte den Vogel zuvor auf Réunion gekauft.

Ein Manuskript Humboldts, das von seinem Papagei handelte, ist leider verschollen. Humboldt hatte darin ausgerechnet, dass Jakob ein Alter von 75 Jahren erreicht hatte.

Für Humboldt war die Arbeit an seinem Kosmos – Entwurf einer physischen Weltbeschreibung das wichtigste Ziel, doch zu seinem Leidwesen musste er als Diplomat des preußischen Königs häufig verreisen. War er aber einmal zu Hause, dann unterhielt er sich allmorgendlich mit seinem »Perroquet«. Wenn Humboldt fragte: »Jakob, wer von uns beiden wird zuerst sterben?«, plapperte der Papagei nur stereotyp: »Viel Zucker, viel Kaffee, Herr Seifert«, nämlich den Satz, den der Diener mehrfach am Tag zu hören bekam. Der Vasapapagei hat mehr als 30 Jahre bei Humboldt gelebt. Nachdem er im Januar 1859 gestorben war, schickte der trauernde Besitzer seinen toten Vogel mit einigen Informationen an Wilhelm Peters, den Direktor des Naturkundemuseums in Berlin. Bei der Präparation erwies sich Jakob übrigens als Weibchen. Ein Manuskript Humboldts, das von seinem Papagei handelte, ist leider verschollen. Humboldt hatte darin ausgerechnet, dass Jakob ein Alter von 75 Jahren erreicht hatte. Inzwischen gibt es mehrfache Belege dafür, dass Papageien in menschlicher Obhut sehr alt werden können. Für einen Ara ist das Rekordalter von 73 Jahren gesichert. Nur wenige Monate nach Jakob starb auch sein greiser Besitzer – im Alter von fast 90 Jahren.

Längst ist Jakob zum bekanntesten Vogel der Berliner Sammlung geworden. Das liegt natürlich an der Berühmtheit seines früheren Besitzers. Als Symbol des humboldtschen Geistes wurde der Papagei aus Madagaskar zu mehreren Humboldt-Ausstellungen in Südamerika ausgeliehen, um Humboldts wissenschaftliche und kulturelle Bande nach Südamerika zu verkörpern. Jakob besitzt einen eigens für ihn angefertigten Transportkoffer. Zudem ist er ein Sinnbild für Wiederaufbau und Restaurierung des Museums mit seinen Sammlungen, die erst spät in Angriffe genommen werden konnten. Als 2019 der Vertrag für das gewaltige Projekt im Sauriersaal unterzeichnet wurde, gehörte Jakob selbstverständlich zum »diplomatischen Corps«.

Eine Feder im Kopfschmuck

Der Kongopfau

Es war das Jahr 1913. Im endlosen Ituri-Regenwald im Osten des damaligen Belgisch-Kongo hatte es den jungen Ornithologen James Chapin (1889–1964) in eine abgelegene Dorfgemeinschaft verschlagen. Jetzt schaute er dem rhythmischen Tanzen der Männer zu und etwas stach ihm ins Auge: der Kopfschmuck des Häuptlings!

Seite 158: Gegenüberstellung: Ein Blauer Pfau *Pavo cristatus* zwischen einem Paar Kongopfauen *Afropavo congensis*, die anfänglich für Jungvögel des Pfaues gehalten wurden, aber eine völlig andere Spezies darstellen. Naturhistorisches Museum, Wien.

Unten: Der 19-jährige Biologe James Chapin, der 1913 den ersten Hinweis auf den Kongopfau fand, vor seiner Abreise in den Kongo 1909.

Rechte Seite links: Ein Stammeshäuptling mit Federschmuck im Ituri-Regenwald im Kongo.

Rechte Seite rechts: Balg eines in den 1930er Jahren im Ituri-Regenwald erlegten männlichen Kongopfaues. Museum für Naturkunde, Berlin.

Darin steckte eine gestreifte Schwungfeder, die Chapin nicht kannte. Großzügig schenkte ihm der Besitzer die Feder. Doch es gelang Chapin nicht, die vermutliche Hühnerfeder zu bestimmen; sie wollte einfach zu keinem afrikanischen Hühnervogel passen. Stammte sie vielleicht von einer noch unbekannten Art? Sorgfältig beschriftet sollte die Feder mehr als zwei Jahrzehnte in einer Schublade liegen.

Der 19-jährige Chapin, einer der beiden Organisatoren der großen, schließlich sechs Jahre dauernden Kongo-Expedition des American Museum of Natural History, wurde im Lauf dieses Unternehmens zum besten Kenner der Tier- und Pflanzenwelt Zentralafrikas. Nach seiner Rückkehr in die USA verfasste er sein sechsbändiges Opus über die Vögel des Kongo, das immer noch als wegweisendes Standardwerk gilt. Während der Arbeit an diesem Projekt reiste er 1936 nach Belgien, um das Kolonial-Museum in Tervuren zu besuchen und sich mit dem Direktor, einem Freund, zu treffen. Als Chapin auf seinen Kollegen wartete, fielen ihm zwei etwas angestaubte »Fasanen« auf, die offensichtlich schon seit Jahren auf einem hohen Schrank abgestellt waren. Laut ihrer Etiketten handelte es sich um Pfauen *Pavo cristatus*: Hahn und Henne im Jugendgefieder, erlegt im Kongo. Das passte vorne und hinten nicht, denn Pfauen kommen zwar auf dem indischen Subkontinent vor, nicht aber in Afrika. Die beiden Vögel auf dem Schrank in Tervuren ähnelten zwar oberflächlich den allbekannten Pfauen, besaßen aber weder den arttypischen Fächerschwanz noch die »Pfauenaugen« auf ihren Federn. Und wie ihre kräftigen Sporen bewiesen, waren sie keinesfalls jung. Doch das Streifenmuster auf den Handschwingen der Henne, das passte genau zu der Feder in Chapins Schreibtisch in New York!

Kein Zweifel, die beiden Tervuren-Vögel gehörten zu einer neuen Vogelart, und das musste eine ganz besondere sein. Noch im selben Jahr beschrieb Chapin die Art als *Afropavo congolensis*, den Kongopfau. Eine Sensation! Ein bisher unbekannter, großer pfauenartiger Vogel im zentralafrikanischen Regenwald, sozusagen das Okapi unter den Vögeln. Die großen Tageszeitungen der Welt berichteten darüber. Wer aber hatte die beiden Vögel, die von nun an als Typus-Exemplare galten, erlegt? Wo war die *Terra typica*, der Ort, an dem sie gesammelt worden waren? Detektivische Nachforschungen brachten zutage, dass die auf dem Schrank abgestellten und vergessenen »Pfauen« von einem Luxemburger Jäger schon 1899 in der kongolesischen Provinz Kasai geschossen worden waren. Anfang 1937 reiste Chapin nochmals in den Kongo-Urwald; dort gelang es ihm, die heimlichen Hühnervögel zu beobachten und insgesamt sieben Exemplare für die Forschung zu sammeln.

Doch was hatte es mit Chapins erster Beobachtung auf sich, warum gehörten die Flügelfedern des Kongopfaus zum Kopfschmuck eines Stammeshäuptlings? Sie erhöhten den Status ihres Trägers und standen deshalb zuerst dem Stammeshäuptling zu. Auch das Fleisch eines solchen Vogels durfte nur von ihm selbst gegessen werden. Klingt doch der Ruf des Vogels wie »Wai wai ekalu ekopowala« – in der Sprache der einheimischen Basongmenos heißt das so viel wie: »Die Arbeit des Chefs ist so schwer.«

Eine Sensation! Ein bisher unbekannter, großer pfauenartiger Vogel im zentralafrikanischen Regenwald, sozusagen das Okapi unter den Vögeln. Die großen Tageszeitungen der Welt berichteten darüber.

—

Nur die wenigsten Ornithologen haben je einen Kongopfau im Freiland sehen können. Selbst dem berühmten Tierfänger Charles Cordier, der so viele Kongopfauen fangen und in die großen Zoos schicken ließ, ist es kein einziges Mal gelungen, die heimlichen Waldhühner selbst in freier Natur zu beobachten. Obwohl Chapin vermutet hatte, dass *Afropavo* mit dem asiatischen Pfau nahe verwandt sein müsse, stellten andere Fachleute ihn in die verwandtschaftliche Nähe der afrikanischen Perlhühner und Frankoline. Erst die modernen molekularbiologischen Untersuchungen bestätigten Chapins Annahme. Kongopfau und asiatischer Pfau sind tatsächlich nahe verwandt, haben sich aber seit etwa 17 Millionen Jahren auseinanderentwickelt.

Der Kongopfau kommt nur im Kongo-Regenwald vor, ist also ein Endemit. Doch durch Bevölkerungsexplosion, Holzschlag, Abbau von Bodenschätzen, Landwirtschaft und Bejagung gerät sein Lebensraum immer mehr unter Druck. Inzwischen steht die Art auf der Roten Liste der International Union for Conservation of Nature (IUCN, Weltnaturschutzunion). Die Gesamtpopulation wird nur noch auf 3700 bis maximal 15 000 Individuen geschätzt. Mit der Einrichtung von Nationalparks hofft man, den schrumpfenden Regenwald zu retten. Der Kongopfau fungiert hierbei als Flaggschiffart und steht für eine ganze Lebensgemeinschaft von bedrohten Pflanzen und Tieren. Wenn die Art nicht in Zoos gehalten und gezüchtet würde, wüssten wir heute fast nichts über diesen legendären, heimlichen Regenwaldbewohner. Fast alle Bälge in den Museen stammen von Zootieren.

ROTHSCHILD MUSEUM.
BREHM—COLLECTION.
ROTHSCHILD MUSEUM.
BREHM—COLLECTION.
ROTHSCHILD MUSEUM.
Coll. Mus. Koenig

Brehms Nachtigall

Ist sie die einzige wahre?

Im Zoologischen Forschungsmuseum Alexander Koenig in Bonn gehört die Brehm-Sammlung mit fast 3000 Bälgen zum Allerheiligsten und ist daher eine eigene Geschichte wert. Diese Sammlung enthält auch eine größere Serie von Nachtigallen. Eine neben der anderen, jede mit einem Etikett in der Handschrift Christian Ludwig Brehms (1787–1864).

Seite 162: Serie von Nachtigall-Bälgen aus der Sammlung Christian Ludwig Brehms. Museum Alexander Koenig, Bonn.

Unten: Christian Ludwig Brehm um 1850.

Rechte Seite: Die äußerlich schwer unterscheidbaren »Zwillingsarten« Nachtigall (oben) und Sprosser (unten) gegenübergestellt. Tafel von Bruno Geisler.

Diese Etiketten sind besonders ausführlich beschriftet, jedes mit detaillierten Informationen zum jeweiligen Vogel. Zudem hat Brehm die Nachtigall, diesen Inbegriff eines Singvogels, als Erster für die Wissenschaft beschrieben, und zwar in knappen Sätzen in seinem *Handbuch der Naturgeschichte aller Vögel Deutschlands*. Erstaunlicherweise stammt diese Erstbeschreibung aber aus dem Jahr 1831, als die meisten europäischen Vögel längst ihre wissenschaftlichen Namen erhalten hatten. Hatte Carl von Linné 1758 denn keine »Näktergal« (so ihr schwedischer Name) in *Systema Naturae* beschrieben, dieser Auflistung aller ihm bekannten Arten? Doch! Und damit steht Linné nach den internationalen Regeln für die zoologische Namensgebung (Nomenklatur) automatisch der Vorrang zu. Demzufolge wäre Brehms Namensgebung zeitlich später und somit ungültig. Was ist da passiert?

Des Rätsels Lösung: Dieser nächtliche Sänger tritt in zwei Arten auf! Er trägt in vielen Sprachen einen Namen, der so viel wie »Nachtsänger« bedeutet. Linné konnte jedoch nicht ahnen, dass in Europa »Nachtsänger-Zwillingsarten« vorkommen, deren feine, aber eindeutige Unterschiede selbst Vogelspezialisten erst auf den zweiten Blick auffallen. Die im Nordosten Europas vorkommende und von Linné zuerst beschriebene Spezies mit dem wissenschaftlichen Namen *Luscinia luscinia* heißt bei uns Sprosser, nach der charakteristischen Fleckung ihres Brustgefieders. Dagegen ist die südwestlich verbreitete Form tatsächlich Brehms Nachtigall, *Luscinia megarhynchos*. Im Englischen kommt die Verwandtschaft mit »Thrush Nightingale« bzw. »Common Nightingale« direkter zum Ausdruck. Übrigens bedeutet das lateinische *luscinia* so viel wie »berühmte Sängerin« und das griechische *megarhynchos* »die Großschnäbelige«.

Heute wissen wir, dass sich beide Spezies durch viele Merkmale in Gefieder, Gesang, Lebensraum, Lebensweise und in den Zugwegen unterscheiden. DNA-Analysen bestätigen allerdings eine nahe Verwandtschaft, und beide stammen von einem gemeinsamen Vorfahren ab. Vermutlich kam es vor etwa 1,8 Millionen Jahren während der Eiszeiten zur geografischen Isolation von Teilpopulationen, und damit erfolgte die Aufspaltung der Entwicklungslinie: im Westen die Nachtigall, im Osten der Sprosser. Formen, die durch geografische Trennung entstehen, werden wissenschaftlich als Allospezies bezeichnet. Erst in jüngerer Zeit haben sich die getrennten Verwandten aus ihren glazialen Rückzugsgebieten wieder ausgebreitet. Mittlerweile kommen sie in einer Überlappungszone auch im Nordosten von Deutschland sekundär in Kontakt. In aller Regel verhindern bereits kleine Verhaltensunterschiede die Bildung von

Mischpaaren. Doch es gibt Ausnahmen und gelegentlich treten Mischlinge auf. Unter den wenigen bisher bekannten Fällen waren die Männchen fruchtbar, ein Weibchen jedoch nicht. Das Beispiel von Sprosser und Nachtigall zeigt, dass Arten nicht statisch, sondern dynamisch sind und einem ständigen Wandel unterliegen. Schon deshalb ist es wichtig, die Variabilität von Vogelarten anhand größerer Balgserien zu dokumentieren.

Zurück zum alten Brehm, dem »Vogelpfarrer« aus Renthendorf in Thüringen. Er untersuchte seine Bälge so genau, dass er ständig Unterschiede fand und folgerichtig immer mehr Arten und Unterarten beschrieb. Seine Fachkollegen, die ihm darin überhaupt nicht folgen mochten, trieb er damit zur Verzweiflung. Bei ihnen hatte er den Spitznamen »Spezifex«, der Artenmacher. Brehm gab der Nachtigallen-Gruppe in seinem eigenen System den Namen *Luscinia* und spaltete diese gleich in sechs unterschiedliche Untergruppen (d.h. Unterarten) auf: Darunter war *Luscinia major,* die der von Linné beschriebenen Form entspricht, und *L. megarhynchos,* die als neue Spezies wissenschaftliche Anerkennung fand. Übergeordnend fasste Brehm solche ähnlichen Gruppen als »Sippe« zusammen; heute heißt dies fachlich korrekt »Superspezies«. Dieser Terminus bringt die verwandtschaftliche Nähe klarer zum Ausdruck. Angesichts so vieler Nachtigallen-»Arten«, die Brehm zu unterscheiden vermeinte, wurde es einem Kollegen zu bunt. Er gab der Nachtigall kurzentschlossen den Namen *Luscinia vera,* die »einzig wahre«. Nach den strengen Nomenklatur-Regeln erhielt dieser Name jedoch keine Rechtsgültigkeit; er bleibt somit ein *Nomen nudum* (nackter Name). In der Tat, die wissenschaftliche Namensgebung ist kein einfaches Unterfangen.

Das Beispiel von Sprosser und Nachtigall zeigt, dass Arten nicht statisch, sondern dynamisch sind und einem ständigen Wandel unterliegen.

—

Dodologie

Aufregung um einen ausgestorbenen Vogel

Die Insel Mauritius liegt isoliert im Indischen Ozean, 2400 Kilometer von der Ostküste Afrikas entfernt; erst 1598 wurde sie von den Niederländern in Besitz genommen. Mauritius hatte wie viele andere abgelegene Inseln ursprünglich eine eigene Tier- und Pflanzenwelt. Dazu gehörte der Dodo *Raphus cucullatus*, im Deutschen auch Dronte genannt.

Seite 166: Von den Präparatoren des Naturkundemuseums in Berlin 1949 nachgebauter Dodo. Museum für Naturkunde, Berlin.

Oben links: Gipsabdruck des einzig existenten Dodo-Kopfes und von echten Knochenfragmenten. Museum für Naturkunde, Berlin.

Oben rechts: Eine durch ihre Genauigkeit beeindruckende Darstellung eines in Gefangenschaft gehaltenen Dodo. Indien. Ustad (d. h. Meister) Mansur 1612.

Rechte Seite: Alice im Wunderland und der »Dodo«. Zeichnung von John Teniel 1865 für Lewis Carolls Kinderbuch.

Es handelte sich um eine wenig scheue, flugunfähige Riesentaube mit etwa zwanzig Kilogramm Gewicht. Da die wenigen in Gefangenschaft gehaltenen Dodos rasch fett wurden, tauften die holländischen Kolonialherren diesen merkwürdigen Vogel »dodaers«, also »Dickarsch«. Auch der wissenschaftliche Name *Raphus* soll nichts anderes als »Hinterteil« heißen. In Wirklichkeit waren Dodos zwar muskulös, aber eher schlank als Schnabel selbst harte Nüsse knacken.

Mit der Besiedlung der Insel durch Menschen ging die Population der anfangs noch häufigen Dronten rapide zurück. Die flugunfähigen Vögel waren wehrlos und leicht zu erbeuten: Den Seeleuten dienten sie als kostenlose Fleischquelle; die eingeschleppten Ratten und Hausschweine fraßen ihre Eier auf. So starb die Dronte bereits vor 1700 aus. Eine Handvoll dieser merkwürdigen Vögel war lebend nach Europa gelangt, z. B. in die Menagerie von Kaiser Rudolf II. von Habsburg in Prag. Wären nicht die zeitgenössischen Zeichnungen und Gemälde erhalten, dann wüssten wir gar nicht, wie diese Riesentaube in etwa ausgesehen haben muss.

Erst im viktorianischen Zeitalter kam größeres Interesse an dem sonderbaren ausgestorbenen Vogel auf, der fast noch mehr als die Dinosaurier zum Symbol des Unwiederbringlichen geworden ist. Ausgelöst wurde die Begeisterung durch zahlreiche subfossile Knochen, die man in einem Sumpfgebiet auf Mauritius gefunden hatte. Daraus konnte der prominente britische Paläontologe Richard Owen ein Skelett vollständig rekonstruieren. Etwa gleichzeitig zu den Knochenfunden sorgte ein Kinderbuch für einen weiteren

Erst im viktorianischen Zeitalter kam größeres Interesse an dem sonderbaren ausgestorbenen Vogel auf, der fast noch mehr als die Dinosaurier zum Symbol des Unwiederbringlichen geworden ist.

Schub an »posthumer Berühmtheit«; es handelte sich um Lewis Carolls *Alice im Wunderland*, das 1865 in England erschien und seither zu den Klassikern gehört. Caroll, der in Wirklichkeit Charles Dodgson hieß und Mathematik-Professor in Oxford war, trat in seiner Geschichte selber als plumpe Dronte auf – er identifizierte sich deshalb mit dem Dodo, weil er Stotterer war (»Do-do-dodgson«). Seither ist der Dodo weltberühmt. Die fast ins Mythische gesteigerte Faszination bezeichnete Erwin Stresemann später als »Dodologie«.

Vor den Knochenfunden war nur ein mumifizierter Dodo-Kopf samt einem Fuß bekannt gewesen. Sie stammten von einer einstmals vollständig erhaltenen Dronte, die schon vor 1656 in die »Arche«, das Raritätenkabinett von John Tradescant, gekommen war. Da dieser Dodo aber von Schadinsekten zerfressen war, schnitt man um 1755 den Kopf und einen Fuß ab und verbrannte den Rest. Diese Überbleibsel gelten als das älteste nachgewiesene Vogelpräparat.

Zurück zu Stresemann: Da das Berliner Museum außer einem Knochenrest kein repräsentatives Material des Dodo besaß, überraschten die Präparatoren ihren Chef zum 60. Geburtstag mit einem Dodo – einem selbst gebastelten, lebensecht erscheinenden Nachbau mit einem Kräuselschwanz aus Straußenfedern, das sich heute noch in der Ausstellung befindet. Dieses besondere Geschenk spornte Stresemann an, weiter über die Geschichte des Dodo und die Frage zu forschen, warum unter den Insel-Endemiten (den nur dort vorkommenden Arten) immer wieder Riesenformen aufgetreten sind: Inseln sind ein Experimentierfeld der Evolution. Ohne den Selektionsdruck durch Konkurrenten und Fressfeinde konnten sich die Erstbesiedler ungebremst entwickeln – nicht selten entstanden dort besonders große und flugunfähige Arten.

»Dead as a dodo« – es ist erstaunlich, dass dieser Ausdruck auch heute noch ein fester Begriff ist, mehr als 300 Jahre nach dem Aussterben. Aber nicht nur als Kuriosität ist uns der Dodo in Erinnerung, sondern auch als Mahnung: Wir Menschen waren für seine Ausrottung verantwortlich. Heute muss es uns eine Verpflichtung sein, dass Derartiges nicht wieder passiert.

ZMB 31/1519
Picumnus varzeae
Picidae
loc.: Fazenda Paraiso, Faro, Estado do Pará, Brazil, South America
23.01.1912
age adult
sex ♂
Picumnus varzeae Snethl.
Typus! ♂
Faz. Paraiso, 23.I.1912
s./Faro
Snethlage.

Emilie Snethlage

Ornithologin am Amazonas

In den Ornithologischen Monatsberichten erschien 1912 eine kurze Arbeit über neu entdeckte Vogelarten aus Amazonien. Unter den Neulingen wird darin ein nur acht Zentimeter großer und bisher unbekannter Zwergspecht vorgestellt: »Sehr häufig in Vogelschwärmen im Unterholz der Varzea-Waldungen des unteren Jamunda-Flusses. Dieser hübsche Vogel ist auf die Varzea beschränkt.«

Seite 170: Das von Emilie Snethlage gesammelte und beschriebene Typusexemplar eines Varzea-Zwergspecht-Männchen. Museum für Naturkunde, Berlin.

Unten: Emilie Snethlage um 1912 mit zwei Helfern im Regenwald in der Provinz Para in Brasilien.

Rechte Seite links: Varzea-Zwergspecht (Männchen) im brasilianischen Regenwald.

Rechte Seite rechts: Schublade mit Varzea-Zwergspechten. Museum für Naturkunde, Berlin.

Sein Name: *Picumnus varzeae*, spec. nov. (d. h. neue Spezies). Als Autor dieser Erstbeschreibung zeichnete E. Snethlage. Nur Insider wussten, dass die Vornamen-Initiale nicht männlich war. Eine selbständig forschende Frau in den Regenwäldern des Amazonas hätte sich damals kaum jemand vorstellen können. Waren doch Expeditionen in entlegene Regionen und das Sammeln von Vögeln Männersache – ein Rollenbild, das auch im frühen 20. Jahrhundert noch stimmte.

Der Lebensweg von Emilie Snethlage (1868–1929) und ihre ornithologischen Leistungen sind ungewöhnlich und einzigartig. Sie wuchs als Pfarrerstochter in der Mark Brandenburg auf und entwickelte schon früh ein vielseitiges Interesse an der Natur. Später durchlief sie eine Lehrerinnenausbildung in Berlin und arbeitete zehn Jahre lang als Erzieherin, auch in England und Irland. Mit den Mitteln einer Erbschaft erfüllte sie sich schließlich ihren Lebenstraum, das Zoologiestudium, das sie 1904 in Freiburg mit Dissertation und Auszeichnung abschloss. Emilie Snethlage gehört zu den ersten promovierten Frauen Deutschlands. Nach einer sechsmonatigen Tätigkeit in der Vogelabteilung des Museums für Naturkunde in Berlin bewarb sie sich um eine freie Stelle am heutigen Museu Paraense Emilio Goeldi in Brasilien.

Dass ihre Vorgänger am Gelbfieber gestorben waren, schreckte sie nicht. Ausgedehnte Reisen führten sie in die abgelegenen Regionen des unteren und mittleren Amazonasbeckens, auch wenn niemand bereit war, sie zu begleiten. Schließlich fand sie sieben Indigene, mit denen sie vier Wochen durch den Regenwald wanderte. Auf insgesamt 18 größeren Expeditionen reiste sie kreuz und quer durch alle Regionen Amazoniens, oft ganz allein und unter abenteuerlichen Bedingungen. Ihr Mut war – nicht nur für eine Frau – legendär. Die eher grazile Forscherin verheimlichte z. B. Fieberanfälle vor ihren Trägern, da diese sie sonst in Panik verlassen hätten. Einen von Piranhas zerbissenen Finger amputierte sie selbst.

Emilie Snethlage liebte es, allein im Regenwald zu sein und dort die Tiere ungestört zu beobachten. Stundenlang konnte sie an einer Stelle ausharren, oft im Rauch einer Zigarette, um die Myriaden von Mücken auf Abstand zu halten. Mit einem Tesching, der kleinkalibrigen Vogelflinte, schoss sie treffsicher selbst kleine Vogelarten. »Mein Leben ist einförmig, aber genussreich, besonders der Morgen, wo ich in den Wald gehe, mich gewöhnlich nicht vor 3 Uhr losreißen kann, ins

Ihr Mut war – nicht nur für eine Frau – legendär. Die eher grazile Forscherin verheimlichte zum Beispiel Fieberanfälle vor ihren Trägern, da diese sie sonst in Panik verlassen hätten.

—

Lager komme, esse, Vögel präpariere, bade, Notizen und Etiketten schreibe, Patience lege, in einer alten Zeitschrift schmökere, in die Hängematte steige, und gewöhnlich schnell und gut einschlafe«, schrieb sie 1929 an ihren Bruder. Sie war eine äußerst geschickte Präparatorin und benötigte für einen perfekten Kolibri-Balg nicht einmal 15 Minuten.

Zurück von ihren Forschungsreisen untersuchte sie am Goeldi-Museum – sie war seit 1914 dessen Leiterin – die gesammelten Bälge und beschrieb bisher unbekannte Formen. Sie bestimmte über 15 neue Vogelarten und 30 Unterarten, und ihre zoogeografischen und ökologischen Untersuchungen erregten beträchtliches Aufsehen. Emilie Snethlage unterhielt ein großes Netzwerk mit Kollegen und stand mit vielen Ornithologen in Europa in regem Austausch. 1923 wurde sie als erste Frau zum Ehrenmitglied der Deutschen Ornithologischen Gesellschaft ernannt, in deren Journal für Ornithologie die wichtigsten ihrer zahlreichen Publikationen erschienen sind. Im November 1929 starb sie auf einer Expedition an einem Herzinfarkt. Zur ornithologischen Erforschung Brasiliens hat sie entscheidend beigetragen.

Tibet-Schäfer und seine SS-Expedition

Ein beklemmendes Kapitel

Das schwer erreichbare und abgeschlossene Hochland von Tibet gehörte im 20. Jahrhundert zu den letzten Herausforderungen für Geografen und Naturforscher. Als der amerikanische Millionär Brooke Dolan 1931 auf den Spuren Sven Hedins zu einer Expedition nach Tibet und in seine sogenannten Vorländer aufbrach, durfte auch ein 21-jähriger Göttinger Zoologiestudent daran teilnehmen.

Es handelte sich um Ernst Schäfer (1910–1992), einen Haudegen »mit dem Instinkt eines Urzeitjägers und der Treffsicherheit eines Meisterschützen«. Schäfer, der auch ein exzellenter Naturbeobachter war, sammelte auf der Reise zahlreiche Vögel und Säugetiere. In Sichuan gelang es ihm sogar, einen Großen Panda zu schießen. Sein journalistischer Expeditionsbericht »Berge, Buddhas, Bären« wurde zum Bestseller. Die zweite Dolan-Expedition führte 1934/35 ins Quellgebiet des Jangtsekiang und erbrachte noch größere Ausbeute. Die Auswertung dieses Materials diente Schäfer 1938 als Doktorarbeit. Seine ökologischen und brutbiologischen Informationen aus dem damals fast unbekannten Hochland von Tibet sind noch heute von Interesse. In Anerkennung für die umfangreiche Balgsammlung, die er dem Museum in Berlin übereignete, wurde er anlässlich seiner Hochzeit mit nur 29 Jahren telegrafisch zum Ehrenmitglied der Deutschen Ornithologischen Gesellschaft ernannt.

Der ebenso ehrgeizige wie geltungssüchtige Schäfer war sehr früh ein glühender Anhänger der NS-Ideologie geworden und gehörte bald zum persönlichen Stab des SS-Führers Himmler. Dessen obskure »Forschungsgemeinschaft Deutsches Ahnenerbe« suchte

Seite 174: Schäfer-Sammlung im Überblick. Museum für Naturkunde, Berlin

Linke Seite oben: Die Teilnehmer der »Deutschen Tibetexkursion Ernst Schäfer« 1938. Von links nach rechts: Edmund Geer, Bruno Beger, Ernst Schäfer, Karl Wienert, Ernst Krause.

Linke Seite unten: Ein Helfer mit erlegtem Steinadler 1934.

Unten: Ernst Schäfer mit seinem Pferd, das in einem tibetanischen Moor steckengeblieben ist.

nach allen denkbaren Hinweisen auf eine germanisch-arische Vorgeschichte, sogar in der tibetisch-buddhistischen Religion. Deshalb finanzierte die SS eine dritte Unternehmung, die »Deutsche Tibet-Expedition Ernst Schäfer 1938/39«. Sie wurde die größte der drei Expeditionen. Zum Team gehörten auch Ethnologen und Anthropologen, darunter Bruno Beger, der Menschenköpfe vermaß und später für seine anatomischen Studien im Konzentrationslager Auschwitz mindestens 86 Menschen ermorden ließ. Die Forschertruppe wurde vom britischen Geheimdienst in Indien wegen Spionageverdachts festgehalten. Trotz strikten Verbots ritten die Abenteurer heimlich in die abgeriegelte Hauptstadt Lhasa, wo sie vom Vertreter des jungen Dalai Lama empfangen wurden und durch ihre Saufgelage auffielen. Da es ihnen aus religiösen Gründen untersagt war, Tiere zu töten, konnte Schäfer die Sperlinge in Lhasa nicht mit der Flinte schießen, sondern erlegte sie heimlich mit einem selbst gebastelten Katapult.

Die Strapazen der Reise im tibetischen Hochland waren heftig. Ein 5100 m hoher Pass war zu überwinden und die Pferde versanken im Morast der Moore. Doch die Ausbeute der SS-Expedition war immens: über 40 000 Fotos und 17 Kilometer Film, 3000 Vogelbälge und mehr als 2000 Vogeleier. Insgesamt hatte Tibet-Schäfer, wie er inzwischen genannt wurde, auf den drei Reisen etwa 7000 Bälge gesammelt. Eine Hälfte kam nach Philadelphia, die andere nach Berlin. Die Bälge sind von besonderem Interesse, weil sie von unterschiedlichen Höhenstufen stammen und die Höhenverbreitung vieler Vogelarten widerspiegeln.

Dennoch blieb Schäfers Vogelsammlung am Berliner Museum für Naturkunde für lange Zeit fast unbeachtet. Wegen ihrer SS-Vergangenheit galt sie als »unberührbar«, und etliche Ornithologen wollten sich nicht näher mit ihr beschäftigen. Die Schäfer-Sammlung wurde separat aufbewahrt und erstaunlicherweise nicht, wie sonst üblich, in die Hauptsammlung integriert. Erst 2009 wurde sie in Verbindung mit einer sorgfältigen und allgemein zugänglichen Dokumentation in die Hauptsammlung eingegliedert. Trotz der üblen Vorgeschichte ist diese umfangreiche Kollektion tibetischer Vögel wissenschaftlich wertvoll, insbesondere für die biogeografische Forschung in der Übergangszone zwischen Paläarktis und Indo-Malaiischer Region.

ROTHSCHILD MUSEUM.
Brehm Collection.
ROTHSCHILD MUSEUM.

Schicksalswege

Christian Ludwig Brehms Vogelsammlung

Schon zu seinen Lebzeiten hatte die Balgsammlung des Pfarrers Christian Ludwig Brehm (1787–1864) aus Renthendorf in Thüringen einen legendären Ruf. Brehm galt als der beste Vogelkenner seiner Zeit. Bei seinem Tod zählte die Kollektion 9000 Vögel, die meisten davon über Jahrzehnte hinweg in der Region selbst gesammelt und sauber dokumentiert.

Lehrbuch der Naturgeschichte aller europäischen Vögel,

von

Christian Ludwig Brehm,

Pfarrer zu Renthendorf bei Neustadt an der Orla, und der kaiserlichen leopoldinisch-karolinischen Akademie der Naturforscher, der königlich sächsischen oberlausitzischen Gesellschaft der Wissenschaften, der wetterauer Gesellschaft für die gesammte Naturkunde, der naturforschenden Gesellschaft des Osterlandes und zu Görlitz, auch des Predigervereins für den neustädter Kreis Mit- oder Ehrenmitgliede.

Erster Theil.

Mit einem Kupfer.

Jena, bei August Schmid. 1823.

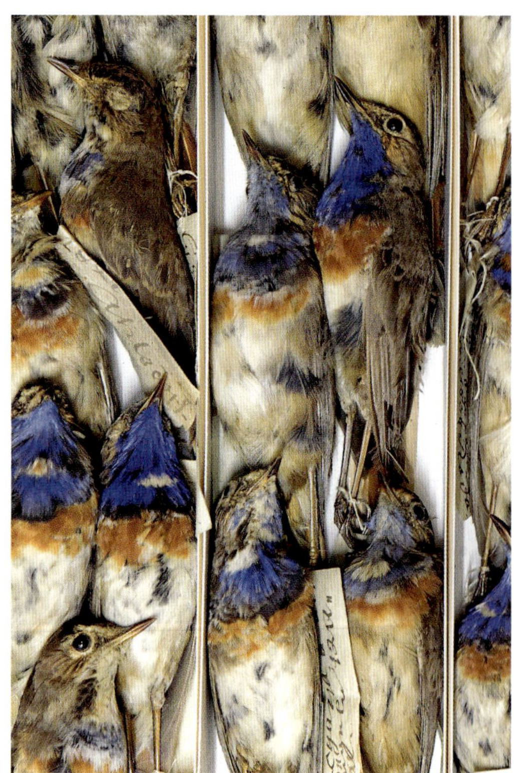

Seite 178: Männchen, Weibchen und flügger Jungvogel des Neuntöters. Durch Zusammenbinden der Bälge gemeinsam erlegter Familien bzw. Paare wollte Brehm aufzeigen, dass solche »Einheiten« größere Ähnlichkeit miteinander besitzen als unabhängig voneinander erlegte Individuen derselben Spezies. Derartige Kombinationen in seiner Sammlung nannte er »gepaarte Paare«. Museum Alexander Koenig, Bonn.

Oben links: Frontispiz und Titelseite von Christian Ludwig Brehms *Lehrbuch aller europäischen Vögel* 1823.

Oben rechts: Schublade mit Blaukehlchen aus der Brehmsammlung, Museum Alexander Koenig, Bonn.

Rechte Seite: Ernst Hartert und Otto Kleinschmidt mit Brehms Sammlung 1897.

Damit gehört sie nicht nur zu den ältesten, sondern auch zu den wissenschaftlich interessantesten Vogelsammlungen. Aus Platzmangel sah sich Brehm gezwungen, schon früh Vögel als Balg zu verarbeiten. Da die meisten Ornithologen damals aufgestellte bzw. montierte Präparate bevorzugten, war Brehms Technik der Balgherstellung ihrer Zeit weit voraus – und für seine vergleichenden Studien ungemein vorteilhaft, besaß er doch von einigen Arten große Serien, so z. B. allein 500 Schafstelzen. Vieler seiner Bälge waren »gepaarte Paare«. Wenn es ihm nämlich gelang, Männchen und Weibchen eines Brutpaares zu erlegen, dann band er die beiden mit Zwirn an ihren Füßen zusammen, um sie später gemeinsam untersuchen zu können: »Was sich gattet, ist eine Gattung«, damit meinte er jedoch in seiner eigenwilligen Terminologie lediglich Unterarten.

Brehm war sich des Wertes und der Bedeutung seiner Sammlung voll bewusst. Sie war die Grundlage seines Lebenswerkes und stellte für die in bescheidenen Verhältnissen lebende Familie den einzigen wesentlichen materiellen Wert dar. Da klar war, dass nach seinem Ableben nicht nur seine Frau, sondern auch drei behinderte Söhne finanziell versorgt werden mussten, versuchte Brehm bereits 1835, die Sammlung an den preußischen König zu verkaufen. Dieser zeigte allerdings keinerlei Interesse. So bemühte sich Brehm über dreißig Jahre lang unablässig darum, die Sammlung an verschiedene Fürstenhäuser, Universitäten oder wohlhabende Sammler gewinnbringend zu veräußern; es ist ihm nie gelungen. Wenigstens konnte er immer wieder kleinere Posten verkaufen, um an Mittel für den Erwerb fremdländischen Arten zu kommen, die in seiner Sammlung noch fehlten. Tatsächlich hat Brehm wesentlich mehr Vögel präpariert, als aus dem Inventarverzeichnis der heute noch existenten Sammlung hervorgeht.

Brehm war sich des Wertes und der Bedeutung seiner Sammlung voll bewusst. Sie war die Grundlage seines Lebenswerkes.

—

Als die Sache Brehm über den Kopf wuchs, beauftragte er seinen Sohn Alfred, den Autor von *Brehms Thierleben*, den Verkauf abzuwickeln. Nach seinem Tod wurden die Bälge sorgfältig in Manuskriptblätter des Thierlebens eingerollt und in Kisten verpackt auf dem Dachboden abgestellt. Über Jahre hinweg bemühten sich die Angehörigen engagiert, die Balgsammlung zu veräußern; sie setzten Inserate in Fachzeitschriften und versuchten anlässlich der großen zoologischen Kongresse Käufer zu finden. Niemand zeigte Interesse. Darüber geriet die Sammlung in Vergessenheit. Wie sich später herausstellen sollte, war dies das Beste, was ihr passieren konnte.

Erst 1896 besichtigte Otto Kleinschmidt, ebenfalls Pfarrer und Vogelkundler, die Sammlung auf dem Dachboden des Brehm-Hauses in Renthendorf und konnte Ernst Hartert, den Kurator der großen Rothschild-Sammlung in England, dafür begeistern. Für 15 000 Mark erwarb Lord Rothschild die gesamte Brehm-Sammlung, die in 48 Kisten nach Tring transportiert wurde. Ihr Erhaltungszustand war erstaunlich gut. Die Bälge wurden zur wichtigen Grundlage für Harterts vierbändiges Werk Die Vögel der paläarktischen Fauna. Als Rothschild 1932 seine Vogelsammlung komplett verkaufen musste, gelangten auch die Brehm-Vögel ins American Museum of Natural History in New York, dem größten Naturkundemuseum der Welt. Schließlich gelang es 1960 Günther Niethammer, damals Leiter der Ornithologischen Abteilung im Bonner Forschungsmuseum Alexander Koenig, durch einen klugen Tausch fast 3000 Brehm-Bälge von New York nach Bonn zu holen. Damit ist ein substanzieller Teil der Brehm-Sammlung wieder in ihr Heimatland zurückgekehrt. Niethammer selbst hat noch mehrere Untersuchungen anhand dieses historisch einzigartigen Materials durchgeführt. So konnte er mithilfe von Brehms Haussperlingen belegen, dass die Renthendorfer Population über einen Zeitraum von 100 Jahren morphologisch unverändert geblieben war. Ganz anders verhielt es sich bei englischen Haussperlingen, die man in den USA angesiedelt hatte; sie bildeten innerhalb von nur 50 Jahren signifikante Unterschiede zu ihrer britischen Ausgangspopulation aus.

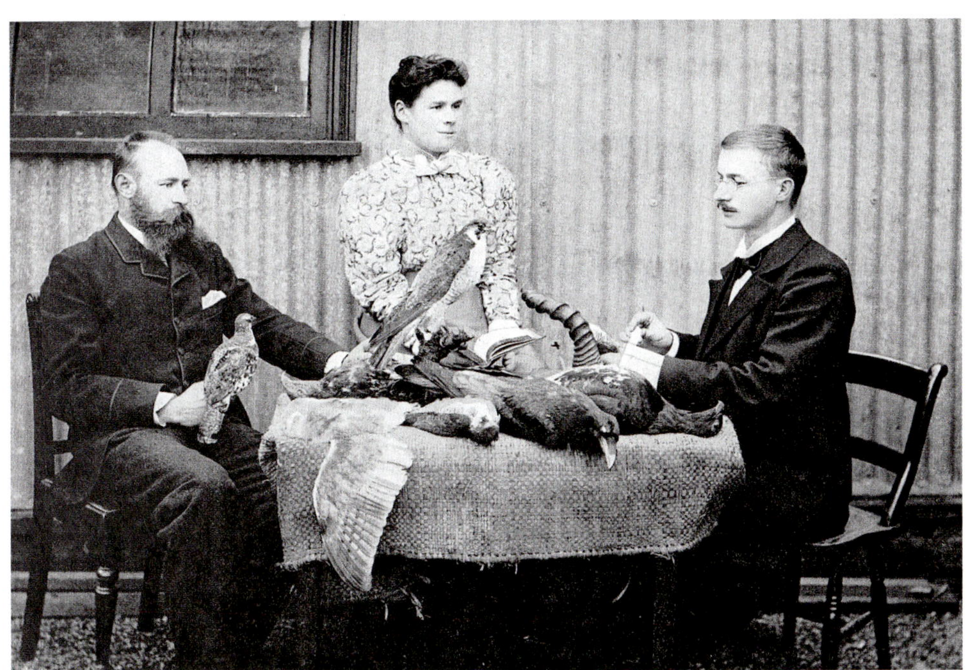

Johann Natterers schräge Vögel

Was steckt dahinter?

Jeder kennt Alexander von Humboldt (1769–1859), kaum jemand seinen Zeitgenossen Johann Natterer (1787–1843). Beide haben in Südamerika geforscht, beide waren grundverschieden. Der prominente Forschungsreisende und Schriftsteller Humboldt wird als erster Ökologe, ja »Weltwissenschaftler« gepriesen. Seine Amerikareise (1799–1804) war eine Sensation.

Seite 182: Bälge von Tangaren, die Johann Natterer in Brasilien gesammelt hatte. Charakteristischerweise ist bei vielen der Kopf zur Seite geneigt. Naturhistorisches Museum, Wien.

Unten: Porträt Johann Natterers in jungen Jahren.

Rechte Seite links: »Vögel-Teich am Rio de San Francisco«, eine ursprüngliche Landschaft vor 1831 wie sie heute nicht mehr existiert.

Rechte Seite rechts: Beschreibung und Porträtstudie eines Truthahngeiers von Johann Natterer. Ihm war bereits aufgefallen, dass die Neuweltgeier im Gegensatz zu denen der Alten Welt keine Nasenscheidewand besitzen. Naturhistorisches Museum, Wien.

Der Gegenpol war Natterer, der zwar 18 Jahre als Forschungsreisender in Brasilien unterwegs war, aber nie einen Text publiziert hat. Seine Tätigkeit bezeichnete er ausdrücklich als »nicht-Humboldt'sch«. Zwanzig Jahre nach Humboldt war er im Rahmen der österreichischen Brasilien-Expedition vor allem in den Regenwäldern des Amazonas unterwegs, sammelte dabei unermüdlich alle erreichbaren Organismen und notierte jede Information penibel in seinen Tagebüchern. Dabei war Natterer in erster Linie ein passionierter Ornithologe, der die Vögel detailliert beobachtete und genau kannte.

Das naturkundliche und ethnografische Material, das er auf seinen zehn strapaziösen Expeditionen durch ganz Brasilien sammelte und an den Kaiserhof nach Wien sandte, ist immens und hat Generationen von Wissenschaftlern beschäftigt. Insgesamt waren es etwa 50 000 Objekte, davon allein 12 300 Vogelbälge und 1729 Gläser mit Eingeweidewürmern – sogar seine eigenen Darmparasiten hat Natterer »eingelegt«! Gerne hätte er weitere Reisen in Brasilien unternommen, doch schließlich musste er auf Anweisung der Regierung heimkehren. Zu diesem Zeitpunkt hatten alle 13 europäischen Begleiter bereits aufgegeben oder waren unterwegs umgekommen. Nur Natterer, der so manche Infektionskrankheit im Urwald überlebte, hielt 18 Jahre durch, aber auch er ist nur wenige Jahre später in Wien an den Folgen seiner Tropenkrankheiten gestorben.

Natterer hat in Brasilien nicht weniger als 205 Vogelarten entdeckt. Da er so lange abwesend war, wurden die meisten allerdings schon vor seiner Heimkehr von Fachkollegen als neue Spezies für die Wissenschaft beschrieben. Nach den Prioritätsregeln der zoologischen Nomenklatur kam somit ihnen, darunter dem weltbekannten Ornithologen John Gould, der »Ruhm« der Erstbeschreibung zu, nicht dem Sammler. Das war eine herbe Enttäuschung für den ehrgeizigen Natterer, denn er wollte den Rest seines Lebens der exakten Neubeschreibung bisher unbekannter Arten widmen. Auch sein frühzeitiger Tod machte diese Pläne zunichte. Es sollten weitere 40 Jahre vergehen, bis sein Nachfolger August von Pelzeln nach der Bearbeitung der Sammlung ein Werk über die Vogelwelt Brasiliens herausbrachte. Die meisten von Natterers Bälgen und Standpräparaten sind noch heute in der Vogelsammlung des Naturhistorischen Museums in Wien vorhanden und gelten als einzigartige Kostbarkeiten. Darunter befindet sich eine stattliche Reihe an Typusexemplaren.

Wie gründlich Natterer gearbeitet hat, zeigt sich z. B. daran, dass er von Brasiliens heute bekannten 68 Greifvogelarten damals bereits 57 nachweisen konnte. Von diesen stellten sich später acht als neue Arten heraus,

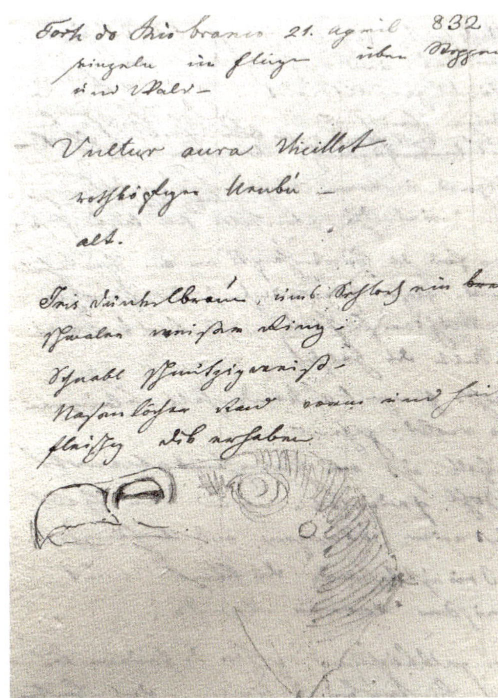

Wie gründlich Natterer gearbeitet hat, zeigt sich z. B. daran, dass er von Brasiliens heute bekannten 68 Greifvogelarten damals bereits 57 nachweisen konnte.

—

darunter der Savannengelbkopfgeier *Cathartes burrovianus*. Natterer präparierte die erlegten Vögel mit großem Geschick und schützte sie mit Arsen gegen Insektenfraß. Viele seiner makellos erhaltenen Bälge fallen durch eine Schrägstellung des Halses auf. Wir wissen nicht warum; vielleicht sind die Köpfe zur Seite gedreht, um die vorstehenden Schnäbel vor Transportschäden in den engen Kisten zu schützen. Natterer gehörte zu den Ersten, die am Bein des Balges systematisch ein Etikett befestigten, das wichtige Informationen, wie Fundort und Datum, enthielt.

Zeitweise war Natterers Sammlung in der Wiener Hofburg untergebracht und wäre dort in den Revolutionswochen des Jahres 1848 um ein Haar verbrannt, als ein Feuer ausbrach. Der größere Teil konnte aus den Flammen gerettet werden, nicht jedoch die Tagebücher. Gäbe es nicht auch noch Natterers Zettelkästen als Zweitinformation, so wäre all sein Wissen unwiederbringlich verloren. Es ist für uns heute kaum vorstellbar, was der auch als »Prinz der Sammler« titulierte Naturforscher Natterer in den Regenwäldern Brasiliens geleistet hat – ein Glück, dass sein Wissen erhalten ist.

Gesammelt von
Erhalten von
K. 1826

Ferdinand Lucas Bauers Pfuhlschnepfe

Malen nach Zahlen

Die Norfolk-Insel ist eine abgelegene, nur 35 Quadratkilometer große Insel im Südpazifik und liegt etwa in der Mitte zwischen Australien, Neuseeland und Neukaledonien. Nachdem Captain James Cook sie 1774 entdeckt hatte, diente sie schon bald als ausbruchsicheres und gefürchtetes Gefängnis für australische Sträflinge.

Seite 186: Die von Ferdinand Lucas Bauer 1804 auf Norfolk-Island im Pazifischen Ozean erlegte Pfuhlschnepfe. Naturhistorisches Museum, Wien.

Oben links: Die Skizze dieser Pfuhlschnepfe mit Bauers Nummerierung für seinen Farbencode. Die Skizze dient als Vorlage für ein möglicherweise späteres lebensnahes Aquarell, dessen Existenz heute jedoch nicht nachweisbar ist.

Oben rechts: Bauer gilt als einer der besten Pflanzenmaler überhaupt, wie diese 1805 gefertigte Zeichnung des australischen Hibiskus *Alyogyne hakeifolia* zeigt.

Rechte Seite: Ein Farbenschema aus dem Zeichenbuch von Ferdinand Lucas Bauer.

Als der Österreicher Ferdinand Lucas Bauer (1760–1826) die Norfolk-Insel 1804 für acht Monate besuchte, kam er aber nicht als Sträfling, sondern als Pflanzenmaler, der sich für die unbekannte Pflanzen- und Tierwelt interessierte. Denn auf derart entlegenen und isolierten Inseln leben endemische (d. h. nur dort vorkommende) Pflanzen- und Tierarten; oft wurden sie nach der Ankunft von menschlichen Siedlern allerdings rasch ausgerottet.

Auf Norfolk sammelte Bauer nicht nur Pflanzen, sondern auch eine Reihe von Vögeln. Am 21. September 1804 erlegte er einen ihm unbekannten Schnepfenvogel, den er als Balg ausstopfte und in einer genauen Bleistiftzeichnung festhielt. Diese ist übersät mit kleinen Zahlen, deren Bedeutung zunächst rätselhaft erscheint.

Da die begrenzte Zeit im Freiland nie für das Malen farbiger, originalgetreuer Pflanzenaquarelle ausreichte, hatte Bauer einen Zahlencode für die Farben ersonnen. Nach der Rückkehr ins Atelier konnte er mithilfe dieses Codes, der aus über 900 (!) Zahlen bestand, die kleinsten Farbnuancen wirklichkeitsgetreu in seine Skizzen übertragen, quasi ein Malen nach Zahlen. Wenn nötig, nahm er ein Mikroskop zu Hilfe. Sein Farbensinn war so hoch entwickelt wie das absolute Gehör eines Musikers. Bauers Vater war Hofmaler beim Fürsten von Liechtenstein gewesen, und Ferdinand hatte wie seine

Nach der Rückkehr ins Atelier konnte er mithilfe dieses Codes, der aus über 900 (!) Zahlen bestand, die kleinsten Farbnuancen wirklichkeitsgetreu in seine Skizzen übertragen, quasi ein Malen nach Zahlen.

Brüder schon als Kind gelernt, Bilder exakt zu kopieren. Nach dem frühen Tod des Vaters wurden sie von Norbert Boccius, Prior des Klosters Feldsberg in Südmähren, künstlerisch gefördert. Schon als 15-Jähriger malte Ferdinand perfekt und präzise die Pflanzentafeln für den berühmten Codex Liechtenstein, wurde danach vom Direktor des Wiener Botanischen Gartens angestellt und begleitete kurz darauf den bekannten Botaniker John Sibthorp als Zeichner auf einer Osteuropa-Expedition. Kein Wunder, dass Bauer als Illustrator sehr begehrt war. Auf Empfehlung von Joseph Banks, dem einflussreichen Naturforscher, kam er als botanischer Zeichner zur Expedition von Captain Matthew Flinders, der den neu entdeckten Kontinent umsegelte und diesem den Namen Australien gab. Bauer blieb 14 Jahre in Australien und schuf dort 2100 Pflanzen- und Tierillustrationen, die in ihrer Genauigkeit und Eleganz unerreicht bleiben. So konnte der 1858 ausgestorbene Norfolkkaka *Nestor productus* nach Bauers Zahlencode 1860 vom Maler Theodor Franz Zimmermann originalgetreu wiedergegeben werden. Ferdinand Bauer ist zwar außerhalb von Fachkreisen wenig bekannt, gilt aber heute als der Leonardo der naturkundlichen Illustration.

Zurück zu Bauers »Norfolk-Schnepfe«: Dieser langbeinige und langschnäbelige Schnepfenvogel wurde 1836 von Johann Friedrich Naumann als *Limosa baueri* beschrieben, wird aber inzwischen nicht mehr als eigene Art angesehen, sondern als Subspezies der Pfuhlschnepfe, korrekt also *Limosa lapponica baueri*. Balg und Zeichnung befinden sich im Naturhistorischen Museum Wien. Pfuhlschnepfen kann man immer noch auf Norfolk beobachten, allerdings kommen sie nur als Durchzügler im Herbst dorthin. Auch das Individuum im braunen Schlichtkleid, das Bauer gesammelt hatte, war nur ein »Tagestourist«. Bauers Subspezies hat in jüngster Zeit in den Medien Furore gemacht. Diese Unterart brütet in West-Alaska und überwintert in Neuseeland. Kürzlich konnte man zeigen, dass einige besenderte Individuen den weiten Weg vom Brut- zum Winterquartier auf der »Direttissima« bewältigten – nonstop über den Pazifik in neuntägigem Dauerflug. Eine unglaubliche Leistung, mit mehr als 12 000 Kilometern die längste Zugstrecke eines Vogels überhaupt.

Dacelo senegalensis
Halcyon ♂
Mabéra 18. 8. 80.
9.585
G -
1880
Naturhistorisches Museum in Wien Zoolog. Abteil.
Nr. 9585
Halcyon s. senegalensis L.
Datum 18. VIII. 1880
Fundort C. Afrika

Emin Pascha

Afrikaforscher und Gegner des Sklavenhandels

»Es wird Ihnen auffallen, dass sich unter den vielen Vogelexemplaren, die ich geschickt habe, wenig Neues findet. Denn auf dem Marsch durch ein nicht freundliches Land galt meine erste Sorge der großen Anzahl von Leuten und Gütern, sodass Sammeln nur oberflächlich betrieben werden konnte«, schrieb Emin Pascha, Ehrenmitglied der Deutschen Ornithologischen Gesellschaft, 1891 an den Herausgeber des *Journals für Ornithologie*.

Seite 190: Von Emin Pascha gesammelter Senegalliest. Naturhistorisches Museum, Wien.

Oben: Ein Typusexemplar des von Emin Pascha entdeckten und von Gustav Hartert beschriebenen Goldsperlings *Passer eminbeyi*. Museum für Naturkunde, Berlin.

Rechte Seite: Emin Pascha, der Gouverneur von Südsudan, war auch Entdecker und Vogelforscher. Einer seiner Jäger bringt ihm um 1880 unbekannte Vögel.

Seine Geschichte hätte sich ein Romanautor kaum spannender ausdenken können: Eduard Schnitzer (1840–1892), wie der aufgeweckte und vogelkundlich passionierte Sohn eines jüdischen Kaufmanns aus Oppeln eigentlich hieß, absolvierte ein Medizinstudium samt Promotion, trat in die Dienste der Osmanen ein und zum Islam über. Danach wurde Schnitzer Regierungsarzt in der Äquatorialprovinz (Äquatoria) des damals ägyptisch-britischen Sudan, stieg unter dessen Generalgouverneur General Charles G. Gordon immer höher auf und wurde 1878 schließlich selbst Gouverneur von Äquatoria (doppelt so groß wie Deutschland; heute Südsudan). Emin Bey, wie Schnitzer inzwischen hieß, wurde später sogar zum Pascha ernannt. Er förderte den Wohlstand der Bevölkerung durch Verbesserungen in Infrastruktur, Pflanzenbau, Viehzucht und Gesundheitsfürsorge. Ein besonderes Anliegen war ihm die Bekämpfung des Sklavenhandels. Emin Pascha unternahm zahlreiche Erkundungsreisen in die Regionen am Oberlauf des Nils und nach Uganda – damals noch weiße Flecken auf der Landkarte. Auf seinen Reisen folgte der Pascha – er war übrigens stark kurzsichtig – mehr seinen naturkundlichen Neigungen als den politischen Aufträgen. Henry Morton Stanley, der ihn zeitweilig begleitete, warf ihm vor, er häufe ein mit präparierten Tieren vollgepfropftes »Wander-Museum« an. Emins geografische, ethnologische und naturkundliche Studien zeichneten sich durch ihre Sorgfalt aus, und wegen seiner Leistungen als Afrikaforscher nahm man ihn in die Leopoldina, die deutsche Akademie der Naturforscher, auf.

Sein Schicksal war damals Gesprächsthema Nummer eins in Europa. Gleich drei Suchexpeditionen wurden von der britischen und deutschen Regierung ausgeschickt.

Während des mehrjährigen, blutigen Mahdiaufstandes hielt Emin Pascha als einziger Gouverneur des Sudan die Stellung. Die Hauptstadt der Äquatorialprovinz war von feindlichen Truppen umringt, hatte keinen Kontakt zur Außenwelt, und Emin Pascha galt als ve≠rschollen. Sein Schicksal war damals Gesprächsthema Nummer eins in Europa. Gleich drei Suchexpeditionen wurden von der britischen und deutschen Regierung ausgeschickt. Die britische Expedition stand unter Stanleys Leitung, der vorher bereits den tot geglaubten Henry Livingstone wiedergefunden hatte. Stanley fand auch Emin Pascha. Vermutlich war es ein Déjà-vu von »Mr. Livingstone, I suppose«. Damit war der eher unpolitische Emin Pascha aber in die kolonialpolitischen Konflikte der europäischen Großmächte hineingezogen worden. Er weigerte sich, dem autokratischen Stanley in den Kongo zu folgen, und trat 1890 in deutsche Dienste über.

Sein letzter Brief an die Deutsche Ornithologische Gesellschaft endete mit der Ankündigung: »Ich werde mir erlauben, von Tanganjika aus Weiteres zu berichten. Dr. Emin.« Dazu ist es nicht mehr gekommen. Aus Rache für die Befreiung von Sklaven wurde er im Oktober 1892 von Sklavenhaltern ermordet, die ihrem Clan-Chef als Trophäe seinen Kopf zu Füßen legten. Emin Paschas umfangreiche Tagebücher wurden erst ein Jahr später im Kongo aufgefunden und posthum veröffentlicht. Er zählte zu den Pionieren der Erforschung Innerafrikas, weithin gerühmt wegen seiner Selbstlosigkeit und seines Wissensdurstes. Zahllose Bücher beschäftigten sich mit seinem Schicksal. Für Karl Mays Band *Die Sklavenkarawane* diente er als Vorlage.

Emin Pascha hat Bälge von mehr als 150 Vogelarten an die Museen in Bremen, Berlin und Wien geschickt, davon waren 73 Spezies für die Wissenschaft neu. Ein noch unbekannter Sperling aus Lado, der Hauptstadt von Äquatoria, wurde 1880 von Gustav Hartlaub als neue Art beschrieben und zu Ehren des Sammlers *Passer Emini Bey* (heute *eminbeyi*) genannt – der »feurigrothbraune« Maronensperling.

Spalowskys weißer Adler

Eine neue Art?

Es war wohl eine kleine Sensation am Wiener Hof, als 1790 das Buch *Beytrag zur Naturgeschichte der Vögel* erschien. Denn gleich die erste Tafel des heute raren und kostbaren Werkes zeigt einen imposanten, makellos weißen Adler, einen Vogel mit geradezu kaiserlicher Majestät, der fast als Staatssymbol dienen konnte. Autor des Buches war Joachim Spalowsky (1752–1797), »erster Stabs-Medikus des löbl. bürgerlichen Regiments der k. k. Haupt- und Residenzstadt Wien« und einer der angesehensten Naturkundler und Sammler seiner Zeit.

Seite 194: Der vor 1790 bei Wien erlegte »weiße Adler«, den Joachim Johann Nepomuk Spalowsky aufgrund seines ungewöhnlichen Aussehens als neue Art beschrieben hatte. Es handelt sich allerdings nur um einen weißfarbenen (leuzistischen) Seeadler. Naturhistorisches Museum, Wien.

Links: Leuzistische Farbabberationen sind nicht selten, wie hier Buntspecht, Dohle und Schwarzstirnwürger (von links nach rechts) zeigen. Museum für Naturkunde, Berlin.

Oben: Die der Beschreibung der vermeintlich neuen Adlerspezies *Aquila alba* zugrunde liegende Farbtafel in dem 1790 erschienen Tafelwerk *Beytrag zur Naturgeschichte der Vögel* von Joachim Johann Nepomuk Spalowsky. Naturhistorisches Museum, Wien.

Ob Spalowsky den herrschaftlichen Vogel selbst erlegt hatte, lässt sich nachträglich nicht mehr klären. Ihm war klar, dass dieser einzigartige Vogel eine bisher unbekannte Art sein musste, und er gab ihm daher den lateinischen Namen *Aquila alba*. Diese Spezies komme auch in Wolhynien und in der Ukraine vor, heißt es im knappen Begleittext zur Abbildung. Eine neue Adlerspezies ist dieses Exemplar allerdings nicht, denn es handelt sich lediglich um einen Seeadler mit einer Farbanomalie, also einer Pigmentstörung. Das konnte Spalowsky damals noch nicht wissen. Immerhin stellt der Vogel, der sich heute noch in der Sammlung des Wiener Naturhistorischen Museums befindet, den ersten Seeadler-Nachweis für Wien und sein Umland dar.

Vögel, die völlig weiß sind, haben schon immer das Interesse von Jägern und Trophäensammlern erregt. Es existieren ganze Kollektionen solcher Exemplare. Bis vor wenigen Jahren bezeichnete man sie ohne viel Federlesens als Albinos. Inzwischen stellen sich die Verhältnisse komplexer dar. Denn jüngere Forschungen haben eine ganze Reihe von genetischen Störungen bzw. Mutationen im Stoffwechsel des Pigmentes Melanin aufdeckt, die zu unterschiedlich ausgeprägten Veränderungen im Farbenmuster des Vogelgefieders führen. Zu den Genmutanten gesellen sich noch epigenetische Effekte. So können zusätzlich auch Lebensalter, Geschlecht und Umweltverhältnisse zur Ausprägung von Weiß im Gefieder beitragen.

Beim Hausgeflügel sind solche Farbabweichungen ausgesprochen häufig. Dabei spielen Domestikation und die bei Haustieren verbreitete Inzucht eine Rolle. Jeder kennt vom Bauernhof weiße oder gescheckte Hühner, Enten und Tauben. Bei Wildtieren treten Fehlfarben dagegen seltener auf. Hein van Grouw, Sammlungsmanager in Tring, hat kürzlich eine einheitliche Nomenklatur vorgeschlagen, um Ordnung in das »Namenschaos« von Farbaberrationen zu bringen. Van Grouw unterscheidet sieben Hauptformen von Farbmutanten, die alle auf Störungen im Melaninstoffwechsel zurückzuführen sind. Dazu zählt der Leuzismus, der durch das partielle oder komplette Fehlen von Melanin-produzierenden Zellen in den Federn verursacht wird, ferner das fortschreitende Weißwerden des Gefieders (progressive greying), bei dem diese Pigmentzellen vorzeitig absterben. Von Albinismus hingegen spricht man, wenn in allen Organen ein Schlüsselenzym für die Melaninsynthese fehlt. Deshalb sind Albinos immer an ihren roten Augen erkennbar; diese sind eigentlich farblos und erscheinen nur wegen der durchschimmernden Blutgefäße rot. So wie es weiße Fehlfärbungen gibt, kennt man auch schwarze Mutanten. Bei solchen melanistischen Individuen, auch Schwärzlinge genannt, ist die Verteilung der Melanine im Gefieder gestört.

Albinos leiden infolge ihres Gendefektes stets auch unter einer Sehschwäche und haben deshalb in freier Natur nur begrenzte Überlebenschancen. Sie werden selten alt. Leuzistische Vögel dagegen besitzen normal pigmentierte Augen, haben eine normale Fitness und pflanzen sich oft erfolgreich fort. Weiße Vogelindividuen sind schon deshalb meistens leuzistisch. Auch Spalowskys Wiener Adler ist ein leuzistischer Vogel und kein Albino.

Vögel, die völlig weiß sind, haben schon immer das Interesse von Jägern und Trophäensammlern erregt. Es existieren ganze Kollektionen solcher Exemplare.

—

Naumanns Riesenalk

Der erhellende zweite Blick

Ausgestorbene, auf immer verschwundene Vogelarten üben eine starke Anziehungskraft aus und zählen zu den Stars der großen Vogelsammlungen. Sie stimmen uns nachdenklich, denn ihre Ausrottung geht auf unser Konto. Auch der Riesenalk gehört in diese Kategorie. Er war der größte Alkenvogel, flugunfähig, an Land im Watschelgang, im Wasser ein eleganter Schwimmer.

Seite 198: »Naumanns Alk«, der 1830 von Johann Friedrich Naumann erworbene und selbst präparierte Riesenalk. Naumann-Museum, Köthen.

Oben links: Selbstporträt von Johann Friedrich Naumann im Alter von 61 Jahren. Um 1840 galt er bereits als der einflussreichste Ornithologe Mitteleuropas.

Oben rechts: Die von Johann Friedrich Naumann gezeichnete Tafel »Flugloser Alk« im 1844 erschienenen Band 12 seiner *Naturgeschichte der Vögel Deutschlands*. Naumann wusste nicht, dass zu diesem Zeitpunkt der Riesenalk gerade ausgestorben war.

Rechte Seite: Mit feinen Instrumenten legt Jürgen Fiebig an »Naumanns Alk« einen vom Gefieder bedeckten Brutfleck frei. Naumann-Museum, Köthen.

Mit seinem wissenschaftlichen Namen *Pinguinus impennis* wurde er ungewollt zum Prototypen: Die erst später entdeckten Pinguine der Südhalbkugel, die dem Riesenalk z. T. verblüffend ähnlich sehen, wurden nämlich nach ihm benannt. Dabei sind sie gar nicht mit den Alken verwandt, sondern haben lediglich die gleichen Anpassungen an gleiche ökologische Rahmenbedingungen entwickelt. Solche Parallelen werden in der Biologie als Konvergenz bezeichnet.

Riesenalken brüteten in großen Kolonien auf Seevogelinseln im Nordatlantik. Sie waren dort leichte Beute für Seefahrer, die sie mit der Hand einfangen konnten – entweder als lebende Fleischreserve für lange Fahrten oder um aus ihrem Fett Lampenöl herzustellen. Die Übernutzung der Kolonien ließ die Brutbestände rasch zusammenbrechen. Zum Schluss waren jedoch Ornithologen und Sammler für die endgültige Ausrottung verantwortlich. Sie boten schwindelerregende Preise für die raren Bälge, und so wurde das letzte Paar am 3. Juni 1844 erschlagen: Auf der kleinen Insel Eldey vor Island fand der Riesenalk sein Ende. Heute sind noch 78 Präparate in den Museen Europas und Amerikas bekannt.

Auch Johann Friedrich Naumann (1780–1857), der Altmeister der deutschen Ornithologie, konnte noch rechtzeitig einen Balg für seine Vogelsammlung in Köthen erwerben, und zwar einen Rohbalg, d. h. nur die von Fleisch und Innereien befreite und gepökelte Haut. Naumann untersuchte diesen

Naumanns Beitrag enthält präzise Informationen zum Riesenalk, doch da er auf Deutsch und zudem in sehr kleiner Auflage erschienen war, entging er den englischsprachigen Fachleuten.

—

aufs Genaueste, bevor er selbst daraus ein Schaustück montierte. Dadurch unterscheidet sich sein Exemplar, inzwischen als »Naumanns Alk« bekannt, von allen anderen Riesenalk-Präparaten, die von Fischern wenig professionell ausgestopft wurden. In Band 12 seiner *Naturgeschichte der Vögel Mitteleuropas*, der zufällig 1844, im Jahr der Ausrottung, erschien, widmete Naumann dem Riesenalk ein langes Kapitel, inklusive der eigenen anatomischen Studien und selbst gezeichneten Abbildung.

Naumanns Beitrag enthält präzise Informationen zum Riesenalk, doch da er auf Deutsch und zudem in sehr kleiner Auflage erschienen war, entging er den englischsprachigen Fachleuten. Man versuchte zwar, die Biologie des Riesenalks zu rekonstruieren, doch kein Ornithologe hatte den Vogel jemals lebend gesehen. Alles Wissen über die Art stammte aus zweiter Hand, d. h. aus den Berichten von Seeleuten. Immerhin wussten diese, dass Riesenalken nur ein einziges Ei auf den nackten Fels legten. Seit dem 17. Jahrhundert nahm man an, dass sie es zum Brüten zwischen die Beine schoben, ähnlich wie Pinguine.

Bei Vögeln bildet sich an der Kontaktfläche zwischen Körper und Ei ein sogenannter Brutfleck. Dieser ermöglicht den Wärmetransport zum Ei; daher fallen an dieser Stelle die Federn aus und die nackte Haut wird stärker durchblutet. Die dabei entstehende Hyperthermie fördert das Wachstum des Embryos. Einen einzigen Brutfleck am Unterbauch haben z.B. die Lummen. Diese sind zwar nicht die nächsten Verwandten des Riesenalks, aber doch nahe »Vettern«. Warum sollte es beim Riesenalk also anders sein? Naumann hatte allerdings an seinem selbst präparierten Vogel zwei Brutflecken festgestellt, nicht am Unterbauch, sondern seitlich an beiden Flanken, unterhalb der winzigen Flügel. Wer hatte recht: Naumann oder alle anderen Forscher? Wir haben das deshalb anhand von acht Riesenalken überprüft, und alle besaßen tatsächlich zwei Brutflecken! Dies impliziert eine völlig andere Bruthaltung als angenommen: Der Vogel saß oder stand nicht senkrecht auf seinem Ei wie eine Lumme, sondern lag darauf und drückte es mit dem Flügel an den Körper, mal rechts, mal links. Keine wichtige Erkenntnis, aber ein kleiner Beitrag zum besseren Verständnis der Biologie des Riesenalks. Er zeigt wieder einmal, welches Potenzial alte Bälge für die moderne Forschung bieten.

Rudolf

Der kaiserliche Ornithologe

Kronprinz Rudolf von Österreich (1858–1889) war begeisterter Naturkundler und Ornithologe; sein besonderes Interesse galt den Adlern und Geiern. So berichtete sein Freund und Mentor Alfred Brehm (1829–1884) über eine gemeinsame Spanienreise vor Kollegen: »Der Kronprinz hatte das Glück, innerhalb einer Stunde am Horst erst das Männchen und darauf das Weibchen von *Gypaetus barbatus* zu erlegen. Ein Junges, welches der Horst enthielt, wurde ausgenommen.« Die seltenen Bartgeier gehörten zu den kostbarsten Stücken in Rudolfs privater Vogelsammlung.

Seite 202: Der majestätische Bartgeier faszinierte den österreichischen Kronprinzen Rudolf absolut. Museum für Naturkunde, Berlin.

Rechte Seite: Die drei Ornithologen. Eugen Ferdinand von Homeyer, Alfred Brehm und Rudolf von Habsburg auf der Greifvogeljagd 1879 an der Donau. Holzschnitt nach einer Zeichnung von Vincenz Katzler.

Unten: Die gemeinsame Publikation der »drei Ornithologen« über ihre Jagdreise an der Donau im *Journal für Ornithologie* 1879.

Eine Erklärung für Rudolfs ornithologisches Interessen liegt in seiner naturwissenschaftlich geprägten Ausbildung, denn seine Mutter, Kaiserin Elisabeth (»Sisi«), unterstützte diese als Gegengewicht zur höfisch konservativ-klerikalen Erziehung ihres Sohnes. Auch Alfred Brehm, der prominente Tierschriftsteller, unterrichtete den Prinzen mehrfach. Vogelforscher und Schüler freundeten sich an und unternahmen später gemeinsame Reisen, die den Kronprinzen stark beeinflussten. Der Hofstaat sah das Naturinteresse des liberalen Prinzen und die freidenkerischen Einflüsse Brehms mit Missgunst und Sorge, sodass es 1880 zur sogenannten Brehm-Krise kam: Folglich hatte Rudolf den Kontakt zu seinem Mentor abzubrechen.

Zwei Jahre zuvor hatten der Kronprinz, Eugen von Homeyer und Alfred Brehm eine gemeinsame naturkundliche Donaureise unternommen und anschließend zusammen darüber im *Journal für Ornithologie* berichtet. Für heutige Leser schockierend wird darin klar, dass die Vogelbeobachtung zuallererst mit der Flinte erfolgte. Während der »Zwölf Frühlingstage an der mittleren Donau« erlegten Rudolf und seine Entourage 483 Vögel, wobei der Fokus erwartungsgemäß auf den Großvögeln lag, auf die Rudolf geradezu versessen war. Allein zwölf Seeadler, sieben Kaiseradler und fünf Mönchsgeier wurden in der kurzen Zeit abgeschossen. Ohne Protest akzeptierte die damalige Fachwelt eine derart große Jagdstrecke. Man muss sich vor Augen halten, dass die allgemeine Einstellung noch bis weit ins 20. Jahrhundert gänzlich anders war. Greifvögel wurden als »böse« Schädlinge überall und verbissen verfolgt. Kein Wunder, dass die früher in Ungarn zahlreichen Mönchs- und Gänsegeier innerhalb kurzer Zeit ausgerottet waren.

Als Ornithologe hat Rudolf von Österreich 13 fachkundliche Publikationen verfasst, z. T. unter Pseudonym. Für *Brehms Thierleben* hat er drei Beiträge geschrieben, und Brehm widmete sein zehnbändiges Werk dem Kronprinzen. Wie etliche seiner Verwandten blieb Rudolf aber zuerst ein fanatischer Jäger. Allein für den Zeitraum 1877–1881 sind in seinem Schussbuch 18050 Stück Wild aufgelistet. In seinem kurzen Leben hat Rudolf 63 Seeadler erlegt, die letzten sechs sogar wenige Tage vor seinem Tod – auf einem Jagdschloss (!) nahm Rudolfs Leben 1889 ein schockierendes Ende. So verschwimmen in seiner Vita die Grenzen zwischen zügelloser Jagdpassion, wissenschaftlicher Neugier und Sammeleifer. Die selbst erlegte Trophäe zählte für ihn mehr als der wissenschaftliche Beleg.

Für die Ornithologie war der Kronprinz von Österreich ein großartiges Zugpferd, der dem jungen Fachgebiet viel Prominenz verschaffte. So fungierte er 1884 als »Allerhöchster Protector des Ersten Internationalen Or-

JOURNAL

für

ORNITHOLOGIE.

Siebenundzwanzigster Jahrgang.

№ 145.	Januar.	1879.

Zwölf Frühlingstage an der mittleren Donau.

Von Kronprinz **Rudolf von Oesterreich**, **E. F. von Homeyer und Brehm.**

Vorbemerkung:

Angeregt durch empfangene Berichte hatte Erzherzog Rudolf beschlossen, in vergangenem Frühjahre das mittlere Donauthal zu besuchen, um grössere Raubvögel an den ihm bekannt gewordenen Horsten zu beobachten und zu erlegen. Eingeladen zur Jagdreise waren Seine Königliche Hoheit, Prinz Leopold von Bayern, Seine Excellenz, Gráf Bombelles, Obersthofmeister des Kronprinzen, und die beiden Mitverfasser nachstehender Zeilen. Zwölf volle Tage konnten der Jagd und der Beobachtung gewidmet werden; die Ergebnisse der letzteren sind es, welche nachstehend folgen.

Wohl wissen wir, dass es ein misslich Ding ist, gemeinschaftlich einen Reisebericht zu verfassen; wenn aber drei Vogelkundige zu gleicher Zeit und am gleichen Orte beobachten, dürfte ein Zusammenfassen ihrer Forschungen doch wohl die geeignetste Form der Darstellung sein. Dies schliesst nicht aus, dass der eine oder der andere gelegentlich allein das Wort nehmen wird; nur möchten wir die in Anbetracht der Kürze der Zeit wenigstens nicht gänzlich inhaltlosen Beobachtungen als gemeinsames Eigenthum betrachtet wissen. Schon an Ort und Stelle wurden allabendlich die über Tags gewonnenen Erfahrungen gegenseitig ausgetauscht und Aller Beobachtungen niedergeschrieben, ebenso wie die weiter unten mitzutheilenden Maasse und Färbungen nackter Theile die Frucht gemeinschaftlicher Arbeit sind.

Cab. Journ. f. Ornith. XXVII. Jahrg. No. 145. Januar 1879. 1

Für die Ornithologie war der Kronprinz von Österreich ein großartiges Zugpferd, der dem jungen Fachgebiet viel Prominenz verschaffte. So fungierte er 1884 als »Allerhöchster Protector des Ersten Internationalen Ornithologen-Congresses« in Wien.

—

nithologen-Congresses« in Wien. Zahlreiche Ehrungen wurden ihm zuteil. Möglicherweise hat ihn am meisten gefreut, dass der märchenhaft schöne Blaue Paradiesvogel den wissenschaftlichen Namen *Paradisea rudolfi* erhielt. In seinem Testament verfügte Rudolf, dass ein Teil seiner Vogelsammlung im Unterricht von Wiener Schulkindern als Anschauungsmaterial dienen sollte. Seine Sammlung befindet sich inzwischen weitgehend im Naturhistorischen Museum in Wien. Dort trug ein Saal mit imposanten Dioramen lange Zeit den Namen »Kronprinz Rudolf Saal«. Auch die zuletzt von ihm erlegten Seeadler sind noch heute dort zu sehen. Rudolf von Habsburg war bewusst, dass er »tiefer als andere in das Innere der Natur geschaut« hatte, wie er anonym in einem Privatdruck schrieb.

Kuckuckseier

Täuschung und Tarnung

Täuschung ist der beste Schutz eines Parasiten. Der Kuckuck lässt als Brutparasit seine Nachkommen von Wirtsvögeln aufziehen, meist kleinen Singvögeln, die oft nichts davon bemerken. Jedes Kuckucksweibchen parasitiert nur eine Wirtsart. Wenn die Wirtsvögel aber das Kuckucksei in ihrem Nest entdecken und beseitigen, dann hat der Brutparasit verloren. Ein Interessenskonflikt, der ein evolutionäres Wettrüsten zur Folge hat: immer bessere Tarnung gegen immer schärferes Misstrauen.

Seite 206: Kasten mit Wirtsgelegen und Kuckuckseiern, z. T. in den Nestern der Wirtsvögel. Museum für Naturkunde, Berlin.

Unten: Ein Musterbeispiel an Perfektion. Der seltene Fall eines Drosselrohrsänger-Geleges (drei Eier) mit vier (!) Kuckuckseiern, die von vier unterschiedlichen Kuckucksweibchen stammen. Die Mimikry ihrer Eier ist so perfekt, dass man sie erst bei genauer Untersuchung in der Hand unterscheiden kann.

Rechte Seite: Serien von den Gelegen verschiedener Wirtsvögel mit den zum Teil sehr gut angepassten Kuckuckseiern. Museum Alexander Koenig, Bonn.

So lassen sich die farblich perfekt angepassten Eier der Kuckuckslinie, die auf Drosselrohrsänger spezialisiert ist, auf den ersten Blick kaum von denen ihrer Wirte unterscheiden. Die Eier anderer Kuckucksweibchen, die z.B. auf Rotkehlchen oder Bachstelzen geprägt sind, lassen sich inmitten der wirtseigenen Eier vom Betrachter allerdings leichter erkennen.

Im 19. Jahrhundert deklarierten die damals sehr zahlreichen Eiersammler ihre Tätigkeit als »Wissenschaft« – unter dem Namen Oologie, also Vogeleierkunde. Wirtsvogel-Gelege mit einem Kuckucksei besaßen eine magische Faszination für Oologen. Je mehr dieser Serien man in der eigenen Sammlung zusammengetragen hatte, desto höher war ihr Wert und das Ansehen im Kollegenkreis. Es ging ganz eindeutig weniger um die Wissenschaft als um die Ästhetik der Objekte. Viele Eiersammler betrieben einen ungeheuren Aufwand, um an Gelege mit einem Kuckucksei zu kommen. Jahr für Jahr mussten Hunderte von Vogelnestern in Feld und Flur inspiziert werden. Der tschechische Oologe Václav Čapek sammelte von 1880 bis 1920 über 1500 Gelege mit Kuckucksei. Stuart Baker, ein britischer Kolonialbeamter in Indien, brachte es dort dank einer ganzen Truppe von Nestsuchern auf etwa 6000 parasitierte Gelege. So wurden große Serien mit Kuckuckseiern zusammengetragen, die später als Schenkungen an das Berliner Museum für Naturkunde oder das Bonner Forschungsmuseum Alexander Koenig gelangten. So aktiv die Eiersammler noch vor hundert Jahren waren, so sehr geriet die Oologie später in Vergessenheit, ja in Verruf. Längst ist das Sammeln von Vogeleiern strikt verboten. Seit über 40 Jahren sind die Populationen von Kuckuck und vielen Wirtsarten stark rückläufig – allerdings nicht wegen der Eiersammler, sondern wegen der Intensivierung der Landwirtschaft. Denn diese hat zum Rückgang von Raupen geführt, der Hauptnahrung des Brutparasiten und seiner Wirtsvögel.

In den Naturkundemuseen wurden die Schubladen mit Eiern seit der »Ächtung« der Oologie kaum noch geöffnet. Das hatte durchaus Vorteile, da folglich die Farben der lichtempfindlichen Eierschalen nur wenig verblasst sind. Doch gerade die Kuckuckseier werden heute mit anderen Augen gesehen, und inzwischen interessieren sich Evolutionsforscher für diese vergessenen Objekte. Man hat die Farbdifferenzen gemessen, Gesetzmäßigkeiten in den Farbmustern herausgearbeitet und Plastikmodelle für Freilandexperimente nachgebaut. Stets ging es dabei um die Frage, wie die Mimikry des Parasiten und die Abwehr der Wirte funktionieren.

Bård Stokke ist ein Kuckucksspezialist aus Norwegen. Er hat die Daten von über 70 000 Kuckuckseiern aus ganz Europa zusammengetragen, die im Lauf von zwei Jahrhunderten gesammelt wurden. Die meisten Eier stammen aus den Museumssammlungen. Diese umfangreiche Datenbank kann man statistisch auswerten und so eine Vielzahl von Fragen klären. So hat sich das Wirtsspektrum des Kuckucks im Lauf der Zeit immer wieder verändert. Einige Wirtsarten wie der Buchfink haben eine derart effektive Abwehr

> In den Naturkundemuseen wurden die Schubladen mit Eiern seit der »Ächtung« der Oologie kaum noch geöffnet.
>
> —

entwickelt, dass der Kuckuck bei ihm keine Chance mehr hat. Er ist den Parasiten »losgeworden«, und die auf Buchfinken spezialisierte Kuckuckslinie ist ausgestorben. Umgekehrt sind wiederum neue Wirtsarten dazugekommen, z.B. in den 1960er Jahren die Blauelster in Japan. Überraschenderweise sind Kuckuckseier, die denen des Teichrohrsängers ähneln, im Lauf der Evolution mehrmals und unabhängig voneinander entstanden. Wäre der Kuckuck als Parasit nicht flexibel, so könnte er als Art nicht überleben. So zeigen die neueren Kuckucksforschungen nochmals, wie wichtig das Sammlungsmaterial der Naturkundemuseen für zukünftige Forschung ist.

maculata
flammea
montana
montana
newtoni
Oreomystis
bairdi
Magumma
parva
Loxops
caeruleirostris
ochraceus
wolstenholmei
EXT.!
Hemignathus
lucidus
EXT.!
affinis
wilsoni
Akialoa
obscura
ellisiana
stejnegeri
EXT.!
EXT.!
Chloridops
kona
EXT.!
Telespiza
cantans
Loxioides
bailleui
Psittirostra
psittacea
Manucerthia
mana
Chlorodrepanis
virens
flava
stejnegeri
EXT.!
Pyrrhula
pyrrhula
Pyrrhula
pyrrhula
Pyrrhula
pyrrhula
Pyrrhula
pyrrhula

Die Entdeckung Hawaiis

Captain Cook und die Kleidervögel

Der pazifische Inselarchipel Hawaii wurde 1778 von Captain James Cook (1728–1779) auf seiner dritten Südsee-Expedition »entdeckt«. Damals war die entlegene Inselkette jedoch schon seit über tausend Jahren von polynesischen Seefahrern besiedelt. Cook hatte auf seinen Forschungsreisen den Auftrag, Karten zu erstellen und Naturalien zu sammeln.

Seite 210: Auf den Schubladen der Kleidervögel aus Hawaii finden sich beklemmend oft die Symbole für »ausgestorben«. Museum für Naturkunde, Berlin.

Unten: Die Ermordung von Captain James Cook auf Hawaii am 14. Februar 1779.

Rechte Seite oben: Der ausgestorbene Vogel Ou, ein Körnerfresser (links) und der fast ausgestorbene Iwikleidervogel, ein Insektenfresser. Museum für Naturkunde, Berlin.

Rechte Seite unten: Von James Cook erworbener Schmuckhelm aus Tausenden von Federn des roten Iwikleidervogels in der der Ethnologischen Sammlung der Universität Göttingen.

Als er im Januar 1779 nochmals zu den neu entdeckten Inseln zurückkehrte, sammelten seine Leute alles, was sie erreichen konnten. Dazu gehörte eine Reihe kleiner Singvögel, heute als Gruppe der Kleidervögel (Drepanididae) bezeichnet, die nur auf den Hawaii-Inseln vorkommen.

Von einer unscheinbaren gelbgrünen Art wurden gleich vier Individuen erlegt und mumifiziert, also mit dosierter Hitze getrocknet. Aus Zeit- und Materialmangel war es üblich, die erbeuteten Tiere nur provisorisch zu konservieren und erst nach der Heimkehr dauerhafter zu präparieren. Was die Anfang 1779 gesammelten Vögel mit der Person James Cooks auf tragische Weise verbindet, ist – salopp gesagt – das gleiche Schicksal: Nur drei Wochen nach den Vögeln wurde auch Cook getötet. Er wurde bei einem Streit mit einheimischen Kriegern erstochen, zerstückelt, Teile seines Körpers wurden später gekocht.

Die Heimkehrer der dritten Südsee-Expedition lieferten ihre Ausbeute beim Auftraggeber des Unternehmens ab; es war der Earl of Sandwich, nach dem nicht nur die berühmten belegten Brote, sondern zeitweilig auch die neu entdeckten Inseln benannt worden waren. Auf Umwegen landete einer der Vögel, später als Gelbkopfkleidervogel *Psittarostra psittacea* beschrieben, bereits 1819 im Berliner Museum für Naturkunde. Ein wertvolles Typusexemplar, besonders vor dem traurigen Hintergrund, dass der Vogel Ou, wie er auf Hawaii heißt, seit 1989 als ausgestorben gilt.

Auf Hawaii waren die Kleidervögel bei den Einheimischen sehr begehrt, da sie das rote und gelbe Gefieder mancher Arten zu Prunkkleidern verarbeiteten (deshalb der Name!). Ein berühmter gelber Federmantel ist aus den Federn von etwa 80 000 Königskleidervögeln *Drepanis pacifica* gefertigt. Diese Art ist bereits seit Ende des 19. Jahrhunderts verschwunden. Die Kleidervögel stammen allesamt von einem finkenvogelartigen Vorfahren ab, den es in prähistorischer Zeit vom Festland nach Hawaii verschlagen hatte. Sie sind sozusagen die »Darwinfinken« von Hawaii. Für jeden Lebensraum und jede Insel gibt bzw. gab es eigene Anpassungsformen, die sich vor allem in der Schnabelform unterscheiden. Die eher rot gefärbten Arten mit Kolibri-ähnlichem Schnabel sind Nektarsauger, die grün und gelb gefärbten mit kurzem, dickem Schnabel eher Körnerfresser. Von den 55 bekannten Arten existierten am Ende des 20. Jahrhunderts noch 23; davon gelten mittlerweile weitere sieben als ausgestorben. Die Populationen der restlichen 16 Arten sind entweder stark gefährdet oder vom Aussterben bedroht, sodass mit dem Verlust weiterer Kleidervogelarten zu rechnen ist. Wie kommt es zu diesem gehäuften Aussterben?

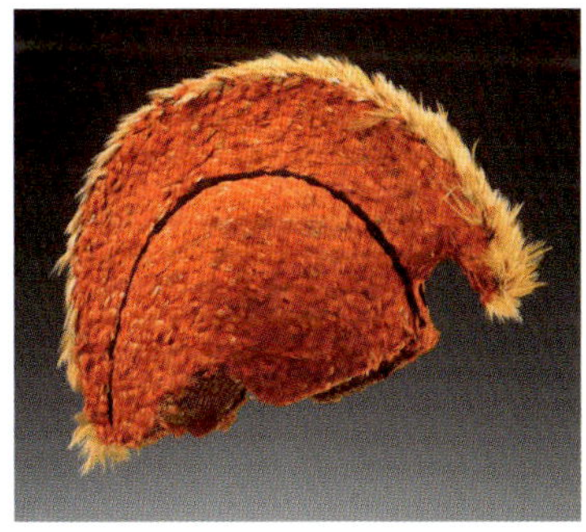

Von den 55 bekannten Arten existierten am Ende des 20. Jahrhunderts noch 23; davon gelten mittlerweile weitere sieben als ausgestorben.

—

Auszusterben ist für Inselbewohner mit kleinem Verbreitungsareal leider ein typisches Schicksal. Sind die Inseln zudem ursprünglich unbewohnt, so bringen die Menschen unweigerlich eine Büchse der Pandora mit sich: Siedler führen Haustiere ein, schlagen Bäume ab und haben Ratten und Mäuse im Gepäck. Folglich lässt man auf den vorher säugetierfreien Inseln Katzen und andere Prädatoren frei. Diese Neubürger passen jedoch nicht ins Feindschema der indigenen Tierwelt, die ihnen daher schutzlos ausgeliefert ist. Im Fall von Hawaii gelangten mit Frachtschiffen auch noch Stechmücken auf die Inselgruppe, vermutlich gegen Ende des 19. Jahrhunderts. Diese sind Überträger von besonders virulenter Malaria und Vogelpocken. Daraufhin brachen die vorher schon gestressten Populationen vieler Kleidervogelarten innerhalb kurzer Zeit zusammen. Zahlreiche Vögel wurden krank oder tot aufgefunden, oft mit den pockentypischen Schwellungen am Kopf. Nur in Bergregionen oberhalb von 1500 Metern konnten sich Restbestände einiger Arten halten, da es dort für die Mücken zu kalt ist. Doch mit der Klimaerwärmung steigen die Mücken immer höher und bedrohen nun auch die letzten Reste der Kleidervogelpopulationen. Inzwischen wird intensiv daran geforscht, mithilfe von Gentechnik malariaresistente Populationen der Kleidervögel aufzubauen – ein abenteuerlich klingendes Experiment.

Mosor Pl.
Dalmatien
Monticola saxatilis ♂
Mosor Pl., Dalmatien
4.5.32
Museum A. Koenig, Bonn - Nr. 57.1552
coll. Dr. Natorp
Monticola saxatilis ♀
Mosor Pl., Dalmatien
15.9.33
Museum A. Koenig, Bonn - Nr. 57.1555

Natorps Prachtstücke

Die Schönheit von Bälgen

Otto Natorp (1876–1956) war Chefarzt eines chirurgischen Krankenhauses in Myslowitz (Mysłowice) in Oberschlesien, widmete aber seine knappe Freizeit gänzlich der Ornithologie, seiner *Scientia amabilis*. Hier erreichte er große Anerkennung. Seine Sammlung von 3000 selbst geschossenen und präparierten Vögeln zählte zu den schönsten Europas.

Seite 214: Von Otto Natorp lebensecht präparierte Steinrötel in Balgform. Museum Alexander Koenig, Bonn

Unten links: Otto Natorp 1929 beim Präparieren einer Eule.

Unten rechts: Otto Natorp war nicht nur ein exzellenter Präparator, sondern auch ein talentierter Zeichner: Wissenschaftliche Zeichnung von Steinschmätzern für ein geplantes Bestimmungsbuch 1922.

Rechte Seite: Standardisierter Balg eines von Natorp präparierten Bergfinken im Winterkleid. Senckenberg Naturmuseum, Frankfurt.

Als er 1945 bei Kriegsende seine Heimat überstürzt verlassen musste, gelang es ihm gerade noch, einen kleinen Handkoffer mit Bälgen vollzustopfen; die Hauptmenge blieb zurück. Bei der Plünderung von Natorps Wohnung in Breslau (Wrocław) gingen viele Bälge verloren, doch einige tauchten in der Auslage einer Metzgerei wieder auf und konnten dort von polnischen Ornithologen gesichert werden. Heute befinden sie sich im Zoologischen Institut der Universität Wrocław. Die Bälge, die Natorp auf seiner Flucht nach Bayern mitnehmen konnte, übereignete er später dem Zoologischen Forschungsmuseum Alexander Koenig in Bonn.

Mit seinem Sammeleifer war Natorp ein Kind seiner Zeit. Noch zu Beginn des 20. Jahrhunderts gehörte das Sammeln und Präparieren von Vögeln zum Alltagsgeschäft eines Vogelkundlers. Von den 78 Mitgliedern des von Natorp mitbegründeten Vereins Schlesischer Ornithologen besaßen 1904 mindestens 40 eine Balgsammlung. Ferngläser waren noch wenig verbreitet, geschweige denn Fotoapparate. Aber eine kleine Vogelflinte mit feinsten Schrotkügelchen, die trugen viele mit sich; oft war sie als Spazierstock getarnt. Nicht wenige Vogelkundler waren gleichzeitig auch Jäger. Das Beobachten von Vögeln, neudeutsch auch als Birden oder Twitchen bezeichnet, hat durchaus etwas von einem sublimierten Jagdtrieb an sich (Ornithomanie). Kaum ein Ornithologe würde heute allerdings freiwillig noch einen Vogel umbringen.

Gleichgesinnte stehen immer in einer gewissen Konkurrenz. Verständlich, dass sich vor 100 Jahren viele Vogelkundler um Aufbau und Vergrößerung einer eigenen Sammlung kümmerten und so miteinander messen wollten. Als Trophäen galten dabei die seltenen Arten und die besonders schönen Individuen, eben die Prachtexemplare. Natorp achtete schon vor dem Schuss darauf, dass er nur Vögel mit tadellosem Gefieder erlegte, sonst hätte er gar nicht erst abgedrückt. Sein Sinn für Ästhetik war sehr ausgeprägt: »Wie glücklich ist doch der Forscher, wenn er die prachtvollen herrlichen Stücke selbst jagen kann, um sie in die Hand zu nehmen und ganz in der Nähe ihre Schönheit bewundern kann«, schrieb er an Alexander Koenig. Und an Otto Kleinschmidt: »Ich überlege mir zehnmal den Schuss auf den Vogel, denn jeder ist kostbar wie ein Edelstein.« Deshalb überwiegt in Natorps Sammlung die Zahl der männlichen Bälge; ein Verzerrungseffekt, der auf viele Sammlungen zutrifft.

Über 50 Jahre lang hatte er Vögel gesammelt und sie mit größter Sorgfalt präpariert. Ein Kennzeichen seiner Bälge ist, dass sie einen festen

Das Beobachten von Vögeln hat durchaus etwas von einem sublimierten Jagdtrieb an sich.

Torfkörper und Glasaugen besitzen und jede Feder in richtiger Position liegt. Auch wenn sie in den Schubladen in Reih und Glied eingeordnet sind, wirken Natorps Bälge so lebensecht, »dass man versucht war, stillzuhalten, damit diese Geschöpfe nicht davonflatterten«, schrieb Ernst Stresemann, der Berliner Ornithologen-Papst. Natorp hatte im *Journal für Ornithologie* bereits einige Male über seine Balgserien publiziert und plante für später eingehendere wissenschaftliche Arbeiten: Anhand der Balgserien hatte er z. B. vor, Alterskennzeichen, Variationen und Unterarten zu beschreiben. Als hervorragender Vogelmaler wollte er außerdem nach seinen Bälgen Bestimmungsmerkmale zeichnen. Krieg und Zerstörung haben diese Pläne zunichte gemacht.

Was ihm selbst nicht vergönnt war, konnten andere Zeichner von Vogelbestimmungsbüchern mit seinen Bälgen als Vorlage verwirklichen. In Wrocław hat Władysław Siwek die Gefiedermuster von Natorps Vögeln studiert und in seinen Zeichnungen umgesetzt, in Bonn tat dies Hermann Heinzel, dessen *Pareys Vogelbuch* auch in anderen Sprachen europaweite Verbreitung gefunden hat. Nirgendwo existieren authentischere Modelle als in Natorps Singvogel-Kollektion. Auch die Autoren des *Handbuch der Vögel Mitteleuropas* haben seine Bälge vielfach konsultiert.

Die Wandertauben

Einst ein Milliardenheer

Dienstag 1. September 1914, 13 Uhr: Eine ganze Nation schaut gebannt nach Cincinatti in Ohio, wo im Zoo gerade Martha gestorben ist. Sofort wird sie in einen riesigen Eisblock gesteckt und zur Smithsonian Institution in Washington gebracht, der renommiertesten biologischen Forschungseinrichtung der USA. Dort soll sie anatomisch untersucht und ausgestopft werden. Martha war fast 30 Jahre alt geworden und hatte nie in Freiheit gelebt.

Seite 218: Die Wandertaube, der einst häufigste Vogel Amerikas, ist mit dem Tod von Martha, der letzten ihrer Art, 1914 im Dunkel der Geschichte verschwunden. Naumann-Museum, Köthen.

Oben: Wandertauben-Schießen in Louisiana 1875.

Rechte Seite: Wandertaubenbälge. Weltweit existieren heute noch etwa 1600 Wandertaubenpräparate. Museum für Naturkunde, Berlin.

Sie war die einzige Wandertaube, die als Individuum in Erscheinung getreten ist, denn sie war die letzte ihrer Art. Mit ihrem Tod war die Spezies Ectopistes migratorius ausgelöscht – ein unwiederbringlicher Verlust. Ausgerechnet die Wandertaube, die vormals häufigste Vogelart auf unserem Planeten! Ihr Verschwinden gilt als das (bisher) größte menschengemachte Ausrottungsereignis.

Das Riesenheer dieser Schwarmvögel muss nach Berechnungen fünf bis zehn Milliarden groß gewesen sein und prägte die Landschaft der USA und Kanadas bis zum Ende des 19. Jahrhunderts. Schwer vorstellbar, aber jeder dritte Vogel Nordamerikas war damals eine Wandertaube. Als Zugvögel wechselten die Wandertauben regelmäßig zwischen den Überwinterungsgebieten in den Südstaaten und den Brutplätzen im Umland der großen Seen. Ein einziger endloser Schwarm verdunkelte den Himmel nach zeitgenössischen Quellen tagelang und wurde auf drei Milliarden Individuen geschätzt. Das Rauschen der Flügelschläge soll an einen Orkan erinnert haben. Wandertauben ernährten sich vegetarisch, vor allem von Baumfrüchten in den damals endlosen Wäldern Nordamerikas. Ihre Brutkolonien waren unvorstellbar groß. Noch beim sogenannten »great nesting« in Wisconsin 1871 ersteckte sich eine Kolonie über 2200 Quadratkilometer, das entspricht der

Ein so unglaublich häufiger Vogel formte seinen Lebensraum selber: Viele Tiere und Pflanzen waren an die Existenz der Wandertauben gebunden.

—

dreifachen Fläche der Stadt New York. Die Zahl der dicht gedrängt nistenden Tauben soll 136 Millionen betragen haben, oft mehr als 100 Nester auf einem Baum. Ein so unglaublich häufiger Vogel formte seinen Lebensraum selber: Viele Tiere und Pflanzen waren an die Existenz der Tauben gebunden, darunter Käferarten, die nur von den Abfällen in den Taubenkolonien lebten. Auch sie sind mit den Kotproduzenten, sprich den Wandertauben, verschwunden.

Der Crash von Milliarden auf Null lief in weniger als 50 Jahren ab! Wir verstehen das Aussterben des einstmals welthäufigsten Vogels zwar immer noch nicht vollständig, doch entscheidend dazu beigetragen haben wir Menschen: Die Taubenmassen zogen Menschenmassen an. Jeder, der eine Flinte besaß, ballerte in die Schwärme hinein. Mit einem Schuss fielen bis zu 60 Tauben vom Himmel – sie waren »flying meatballs«. Kolonien wurden systematisch geplündert und in Brand gesetzt. Die fetten Jungtauben dienten als Viehfutter und zur Produktion von Lampenöl. Als die Telegrafie aufkam, beschleunigte sich das professionalisierte Schlachten, denn nun wussten die Jäger aus den Städten rasch, wo es sich lohnte, auf Taubenjagd zu gehen. Um die Brutkolonien und Schlafplätze schneller zu erreichen, verlegte man Eisenbahnschienen dorthin; ein Nebeneffekt war übrigens die Erfindung des Kühlwaggons. Doch Bevölkerungszunahme, Siedlungen, Holzschlag, Rodungen und die Fragmentierung der Wälder haben sicherlich noch stärker zum Rückgang der Tauben beigetragen als die blindwütige Jagd. Kaum jemand hätte sich vorstellen können, dass dieser Massenvogel einmal verschwinden würde, kein Naturschutzgesetz bot Einhalt. Martha markierte den Endpunkt.

Die in den Naturkundemuseen der Welt erhaltenen Bälge und Skelette sind heute ein Schatz von größtem Wert. Ihre Zahl dürfte bei ungefähr 1600 liegen. In den letzten Jahren ist intensiv über die Wandertaube geforscht worden. Das war nur möglich, weil man auf das Museumsmaterial zurückgreifen konnte. Mit kleinsten DNA-Mengen ließen sich die Verwandtschaftsverhältnisse klären und das gesamte Genom der ausgerotteten Art entschlüsseln. Anatomische Untersuchungen, Messreihen und Gewebsanalysen trugen dazu bei, die Biologie und Ökologie dieser Taube besser zu verstehen. Inzwischen gibt es konkrete Planungen zur Wiederbelebung der Wandertaube (de-extinction); dabei möchte man ihr Genom in vitro nachbauen und dann in die Keimzellen der nächstverwandten Art, der Schuppenhalstaube *Patagioenas fasciata*, einbauen. Über mehrere Schritte könnte es gelingen, Wandertauben »wiederauferstehen« zu lassen. Dies wäre allerdings ein langer und komplizierter Weg. Über den Sinn des Projektes streiten die Fachleute.

TYPUS VON
Rallicula rubra dryas Mayr
Zool. Mus. Berlin
Fundort: Kulungtufu
Datum: 7.2.29
Iris: braun
Schnabel: schwarz
Füße:
93g
Höhe:
♂
00 Kl.
Dr. Ernst Mayr
No. 628

Mayrs Nymphenrallen-Inflation

Ungeahnte Überraschungen

Für den 23-jährigen aufstrebenden Zoologen Ernst Mayr (1904–2005) war es der Wendepunkt seines Lebens, als er 1927 auf dem Internationalen Ornithologen-Kongress in Budapest Lord Walter Rothschild aus London vorgestellt wurde. Der legendäre Rothschild besaß die größte Vogelsammlung der Welt, zusammengetragen in seinem eigenen Museum in Tring bei London. Schnell war man sich einig, dass Mayr – der später weltberühmte Evolutionsforscher und »Darwin des 20. Jahrhunderts« – in Rothschilds Auftrag eine zweijährige Sammelexpedition nach Neuguinea und Melanesien durchführen sollte.

Seite 222: Die beeindruckend lange Serie der von Ernst Mayr gesammelten Nymphenrallen.

Unten links: Forbes-Waldrallen, die Nominatform zur Subspezies Nymphenralle, vor 1881 von John Gould gezeichnet für sein unvollendetes Werk *Birds of New Guinea*.

Unten rechts: Der 24-jährige Ernst Mayr vor seiner Abreise nach Neuguinea 1928.

Rechte Seite: Drei von Ernst Mayr 1929 auf Neuguinea gesammelte Nymphenrallen, die er später als neue Subspezies beschrieb. Museum für Naturkunde, Berlin.

Wichtigste Aufgabe war, dort bisher unbekannte Paradiesvögel zu finden. Mayr konnte das ornithologische Wissen über diese entlegenen Regionen beträchtlich bereichern. Einen kleineren Teil seiner großen Vogel-Ausbeute zweigte er für seinen Doktorvater Erwin Stresemann am Berliner Museum für Naturkunde ab.

Doch zurück zur Expedition: Ende 1928 erreichte Mayr die kleine Handelsstation Finschhafen im Osten von Papua-Neuguinea, die 1885 von dem Forschungsreisenden Otto Finsch, selbst ein berühmter Ornithologe, gegründet worden war. Über das abgelegene, gebirgige Hinterland wusste man damals fast nichts, dort lebten mehrere Bergstämme. Obwohl malariakrank, bestieg Mayr den fast 4000 Meter hohen Hauptberg Titaknan. Mit der Hilfe von Einheimischen sammelte er »trotz widrigster Umstände«, wie er schrieb, in wenigen Wochen fast 1000 Vögel. Mayrs besonderes Interesse galt einer seltenen und fast unbekannten Waldralle. Clever wie er war, motivierte er die Einheimischen mit von ihm selbst entworfenem und in Umlauf gebrachtem Papiergeld; dieses konnten sie später gegen Haushaltgegenstände eintauschen. Für häufige Vögel gab es wenig, für seltene Arten viel »Geld«. Den höchsten Preis setzte er für die Ralle aus. Um seine Wünsche im Sprachengewirr der Bergstämme übermitteln zu können, benötigte Mayr eine Kette von bis zu vier Dolmetschern. Trotz der schwierigen Verständigung wirkte das Papiergeld Wunder, und immer mehr dieser heimlichen waldbewohnenden Rallen wurden zu Mayr gebracht. Bevor er die Aktion anhalten konnte, waren es bereits 43 Vögel! Mayr rätselte, wie es den Jägern nur gelingen konnte, so viele Exemplare eines vermutlich sehr seltenen Vogels in derart kurzer Zeit zu sammeln. Was er nicht wusste – die erfahrenen Stammesjäger dagegen schon – , war die besondere Eigenschaft der Rallen, nämlich im Unterholz Schlafnester zu bauen. Es handelte sich um Gruppennester,

in denen gleich mehrere Rallen gemeinsam übernachteten. Da die Nester schon von weitem zu sehen waren, waren sie für die Jäger leicht zu entdecken.

Als Mayr nach Finschhafen zurückkehrte, traf er so zufällig wie unerwartet auf den berühmten amerikanischen Vogelsammler Rollo Beck, der praktisch im selben Regenwaldgebiet sammelnd unterwegs gewesen war. Trotz wechselseitiger Konkurrenzgefühle tauschte man sich kollegial aus. Beck zeigte Mayr seinen ganzen Stolz: Es war ihm gelungen, eine der versteckten Waldrallen zu schießen. Mayr schwieg, um den glücklichen Beck nicht zu desillusionieren. Diese von Mayr selbst erst im Alter von 100 Jahren erzählte Anekdote wirft auch ein Licht auf die unterschiedlichen Sammelmethoden: Beck war ein klassischer Jäger und Einzelgänger, der kontaktfreudige Mayr dagegen machte sich die Orts- und Naturkenntnisse der Einheimischen zunutze, die ihm zahlreiche Ausbeute brachten. Alleine hätte er niemals so viel Material sammeln können.

Anhand seiner Balgreihe beschrieb Mayr 1931 die Ralle als neue Subspezies und nannte sie *Rallicula forbesi dryas*. Dryaden sind die Waldnymphen der griechischen Sagenwelt, daher trägt diese Subspezies auf Deutsch den schönen Namen Nymphenralle. Fast gleichzeitig war eine nahe verwandt, ebenfalls auf Neuguinea vorkommende Ralle entdeckt worden. Ernst Hartert, der Vogelkustos aus Tring, taufte sie dem jungen Zoologen zu Ehren *Rallicula mayri*, die Mayr-Ralle. Von Mayrs 43 gesammelten Nymphenrallen befinden sich heute 35 im Museum für Naturkunde in Berlin. Über die aus dem Ruder gelaufene Rallen-Sammlung sprach Mayr nur ungern, weil ihm die große Zahl eigentlich peinlich war. Dabei ist diese Balgserie ein Glücksfall für die Evolutionsforschung, denn diese kann die Variationsbreite erst anhand großer Datenreihen zuverlässig erfassen. Für Mayr, der sich schon als Jugendlicher im Naturschutz engagierte, war es eine Beruhigung zu wissen, dass die Nymphenralle gar nicht so selten war und die große Zahl der geschossenen Individuen die Population nicht gefährdet hatte. Noch heute gilt die Gesamtpopulation der Nymphenralle als stabil und nicht bedroht.

Um seine Wünsche im Sprachengewirr der Bergstämme übermitteln zu können, benötigte Mayr eine Kette von bis zu vier Dolmetschern.

—

Kuno und die Knochentrommeln

Aus der Heinroth-WG ins Museum

Wenn Erwin Stresemann, der Kustos der Berliner Vogelsammlung, zu den zweiwöchentlichen Sitzungen der Deutschen Ornithologischen Gesellschaft ging, kehrte er nicht selten mit einem Geschenk zurück. So auch diesmal, denn sein Freund und Kollege Oskar Heinroth hatte ihm den Balg seines Kuno übergeben.

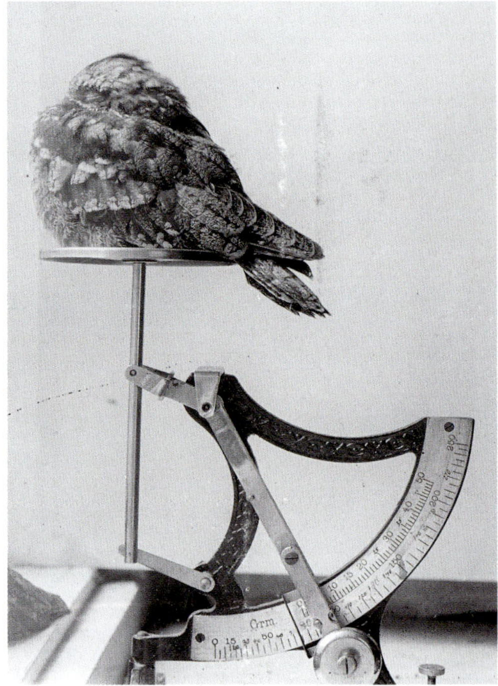

Seite 226: Sogenannte Knochentrommeln. Hierbei handelt es sich um artspezifisch verschiedene Luftröhrenpräparate von Entenvögeln. Magdalena Heinroth hatte über 300 solcher Präparate angefertigt. Museum für Naturkunde, Berlin.

Oben links: Magdalena und Oskar Heinroth 1916 bei Fotoarbeiten in ihrem Atelier.

Oben rechts: Die zahme Nachtschwalbe Ursula 1908 auf der Waage in der Berliner Wohnung der Heinroths.

Rechte Seite: Balg einer männlichen Nachtschwalbe. Museum für Naturkunde, Berlin.

Kuno? Das kam so: Heinroth war der Vogelfachmann des Berliner Zoos und wurde später Direktor des dortigen Aquariums. Er und seine Frau Magdalena hatten sich vorgenommen, in ihrer Mietwohnung alle Vogelarten Europas vom Ei an bis zur Selbständigkeit aufzuziehen und deren Jugendentwicklung in Bild und Text zu dokumentieren. Zu den ersten Pfleglingen gehörten Kuno und Nora, ein Nachtschwalben-Pärchen, das sie halb verhungert auf dem Berliner Vogelmarkt entdeckt und hochgepäppelt hatten. Die Ziegenmelker, wie die Art auch heißt, fühlten sich bei den Heinroths wohl und erbrüteten auf dem Wohnzimmerteppich mehrfach Nachwuchs. Unvorstellbar für die Fachwelt! Da Nachtschwalben jedoch Meister der Tarnung sind, geschah eines Tages, was geschehen musste: Die Haushaltshilfe übersah den regungslos auf dem Boden sitzenden Kuno und trat ihn tot. Und so landete Kuno als Balg in der Sammlung des Museums. Im Lauf des 30 Jahre dauernden Aufzuchtprojektes der Heinroths sollten aus ihrer häuslichen Vogelhaltung noch viele weitere Vogelbälge ins Naturkundemuseum wandern. Aber nicht nur Bälge, sondern auch Federn, Eier und Alkoholpräparate übergab das Forscherpaar dem Museum.

Doch was hat es mit den Knochentrommeln auf sich? Oskar Heinroths besonderes Interesse galt den vielen Entenarten, die der Berliner Zoo beherbergte. Als er auf dem Internationalen Ornithologen-Kongress 1910 die Ergebnisse seiner vergleichenden Entenstudien vorstellte, ahnte keiner der Zuhörer, dass dies die Geburtsstunde eines neuen Fachgebietes war, nämlich der Verhaltensforschung bzw. Ethologie. Um das Verhalten unterschiedlicher Vogel besser zu verstehen, musste Heinroth sich auch mit ihrer Anatomie befassen. Deshalb sezierte er jede verendete Ente, denn ihm war klar, dass man »in Museen nur selten übersichtliche Zusammenstellungen bestimmter Körperteile findet«. Bald richtete sich Heinroths Augenmerk auf die Knochentrommeln. Dabei handelt es sich um starre, verknöcherte Aussackungen

> Die Heinroths verkörpern den Übergang von der Balgornithologie zur Beschäftigung mit lebenden Vögeln.

der Luftröhre, die zur Lauterzeugung während der Balz dienen. Sie sind bei jeder Entenart anders geformt und stellen deshalb ein morphologisches Unterscheidungsmerkmal von taxonomischem Nutzen dar.

Als ausgebildete Präparatorin hat Magdalena Heinroth insgesamt 300 solcher Knochentrommeln von Enten, Gänsen und Schwänen zu Vergleichszwecken präpariert und später der Sammlung des Naturkundemuseums überlassen. Sie gehören zu den wenigen anatomischen Objekten der Sammlung. Außer Konrad Lorenz, dem Verhaltensforscher und Schüler Heinroths, hat sich niemand mehr für sie interessiert, doch sie bleiben auch für mögliche zukünftige Studien wertvoll.

Die Heinroths verkörpern den Übergang von der Balgornithologie zur Beschäftigung mit lebenden Vögeln. Für sie als Verhaltensforscher war ein »simpler« Balg zu wenig, denn sie wollten die Ursachen bestimmter Verhaltensweisen verstehen, und diese konnte man teilweise nur über die Anatomie und Funktionsweise der Organe begreifen. Gleichzeitig kündigte sich ein Richtungswechsel in der Akquisition von Sammlungsmaterial für die Museen an. Die Zeit der Sammelreisen, bei denen ganze Serien von Vögeln gezielt für die Wissenschaft geschossen wurden, neigte sich langsam dem Ende zu. Insofern waren die Heinroths ihrer Zeit voraus, denn ihre Pfleglinge kamen erst nach dem natürlichen Tod ins Museum. Heute sind die meisten Neuzugänge verunglückte oder in der Tierhaltung verendete Vögel, ganz selten nur Individuen, die speziell für die Sammlungen erlegt wurden.

759
18881
Senckenberg-Mus.
Frankfurt-M.
Flügel
8070

Urvögel

Kurzer Blick in die lange Vogelevolution

Die Ornithologie beschränkt sich keineswegs nur auf die heutige Vogelwelt, also rezente (d.h. heute lebende) und in historischer Zeit ausgerottete Vogelarten. Es trägt entscheidend zum Verständnis der Evolution und der Entwicklung der modernen Vögel bei, zu wissen, wie deren Vorläufer oder frühe Formen vor Millionen von Jahren ausgesehen haben.

Seite 230: Platte mit dem Fossil des Trogons *Primotrogon wintersteini* aus dem Oligozän (vor etwa 28 Millionen Jahren) Frankreichs, zusammen mit dem Skelett eines rezenten Trogons und weiterem Vergleichsmaterial. Die rezenten Trogone leben in den tropischen Waldgebieten Afrikas, Asiens und Südamerikas. Senckenberg Naturmuseum, Frankfurt.

Unten: Gerald Mayr, Kurator der Vogelabteilung, in der Knochensammlung. Senckenberg Naturmuseum, Frankfurt.

Rechte Seite: Abdruck des Seglers *Scaniacypselus szarskii* aus dem Eozän der Grube Messel. Senckenberg Naturmuseum, Frankfurt.

Die Paläoornithologie beschäftigt sich mit Fossilien, versteinerten Zeugnissen von Lebewesen, die in Lagerstätten aus Sedimentgestein gesucht werden und aus früheren Abschnitten der Erdgeschichte stammen. Prominentes Beispiel ist einer der ersten Vögel, der etwa 150 Millionen Jahre alte *Archaeopteryx* aus den kreidezeitlichen Solnhofener Plattenkalken des Fränkischen Jura, von dem inzwischen zwölf Exemplare bekannt sind. Als Vogel mit Reptilienmerkmalen war er ein wesentlicher Baustein in der Beweiskette für Charles Darwins Evolutionstheorie.

Inzwischen hat die Paläoornithologie gewaltige Fortschritte gemacht. In vielen Lagerstätten auf der ganzen Welt hat man fossile Vögel in großer Zahl und aus unterschiedlichen Erdzeiten gefunden. Mit modernen paläontologischen Arbeitsmethoden lassen sich ihnen ungeahnte Informationen entlocken, die ein wesentlich differenzierteres Bild von der Evolution der Vögel vermitteln. Die Neornithes, die heutigen Vögel, stammen von den Dinosauriern ab und haben sich aus der Dinosaurier-Untergruppe der Theropoden entwickelt, zu denen neben kleineren Formen auch Giganten wie *Thyrannosaurus rex* gehörten. Federn sind keine Neuentwicklung der Vögel und bereits bei vielen Theropoden vorhanden. Nach *Archaeopteryx* – er war so groß wie eine Elster – wurde mittlerweile eine Reihe weiterer Urvögel beschrieben. Dazu zählt der ebenfalls kreidezeitliche *Confuciusornis*, der vor etwa 125 Millionen Jahren in Nordost-China vorkam und mittlerweile in weit über tausend z. T. hervorragend erhaltenen Exemplaren bekannt ist. Während *Archaeopteryx* einen Schnabel mit Zähnen besaß, ist der Schnabel von *Confuciusornis* zahnlos. Beide waren in ihrer Zeit offensichtlich häufig, sind aber wie ungezählte andere Formen längst wieder verschwunden.

Im unteren Eozän, also vor etwa 50 Millionen Jahren, kam es zu einer explosionsartigen Radiation in der Gruppe der Vögel; es entstand unter anderem eine Reihe von Vorfahren heute noch existenter Vogelordnungen bzw. -familien. Eine der berühmtesten Lagerstätten aus dieser Zeit ist die Grube Messel bei Darmstadt, ein ehemaliger Ölschiefer-Tagebau, seit 1995 Weltnaturerbe: Im Schlamm eines Kratersees waren vor 47 Millionen Jahren große Mengen an Pflanzen und Tiere eingebettet worden, viele davon sind sehr gut erhalten. Die Vögel machen hier einen Großteil der Landwirbeltier-Funde aus. Damals herrschte ein Treibhausklima, in dem sich eine regenwaldartige Vegetation mit tropischer Vogelfauna entwickelte. Aus Messel sind inzwischen über 70 Vogeltaxa beschrieben, viele von Gerald Mayr, dem Leiter der Sektion Ornithologie am Senckenberg Forschungsinstitut und Naturmuseum Frankfurt. Mayr gehört zu den besten Kennern fossiler Vögel weltweit. Wenn Paläontologen ein fossiles Taxon genauer charakterisieren und Informationen zu seiner Lebensweise erhalten möchten, stehen ihnen heute hochentwickelte Verfahren zur Verfügung, wie Computertomografie, Lasertechniken, Elektronenmikroskop

oder computeranimierte 3D-Visualisierung. Absolut unverzichtbar ist aber eine Referenzsammlung von Vogelknochen. Deshalb hat Mayr in Frankfurt das größte europäische Knochenarchiv aus den Skeletten von mehr als 22 000 Vögeln aufgebaut.

Wie sich im Lauf der letzten Jahre herausstellte, gehörten zum fossilen Tropenökosystem der Grube Messel flugfähige Verwandte der Straußenvögel, ferner ein gewaltiger, 170 cm großer gänseverwandter Laufvogel mit klobigem Schnabel. Auch Hühnerartige kamen vor. Der am häufigsten aufgefundene Vogel ist die Messelralle, die aber nichts mit unseren Rallen zu tun hat, sondern dem neukaledonischen Kagu nahesteht. Es gab Schwalme, also entfernte Verwandte unserer Nachtschwalbe (Ziegenmelker), Vorfahren von Kolibris und Seglern, Mausvögel, Falkenartige, Papageien und frühe Sperlingsvögel. Inzwischen hat sich bestätigt, dass die letzten drei Gruppen entgegen früheren Vorstellungen Geschwisterlinien darstellen, also relativ nahe verwandt sind. Viele rezente Nachfahren der Messelvögel kommen heute im tropischen Afrika und Südamerika vor: Mausvögel, Kolibris, Fettschwalme, Trogone und Hopfe. Jeder Vogel hatte in diesem vielgestaltigen Ökosystem seine Nische: Es gab Frucht- und Körnerfresser, Insektenjäger, Nektarsauger, Omnivoren und Prädatoren. Diese Rückschlüsse auf Lebensweise und Fortbewegung der Messelvögel sind durch Analysen von Körper- und Knochenbau möglich. Die frühen Sperlingsvögel waren z. B. wie ihre Verwandten, die Papageien, noch zygodaktyl, die beiden äußeren Zehen standen also nach hinten, die beiden mittleren nach vorne. Bei einigen Fossilien konnte man nachträglich Mageninhalte mit Fruchtkernen, Speiballen und sogar Blütenpollen nachweisen. In Messel offenbart sich ein vielfältiges frühes Vogelleben, das noch in den Einzelheiten erschlossen werden muss. Es leistet in jedem Fall einen wichtigen Beitrag zum Verständnis der heutigen Vögel.

Es trägt entscheidend zum Verständnis der Evolution der modernen Vögel bei, zu wissen, wie deren Vorläufer oder Frühformen vor Millionen von Jahren ausgesehen haben.

—

Museum für Naturkunde Berlin

Invalidenstr. 43, 10115 Berlin. www.museumfuernaturkunde.berlin. Generaldirektor Prof. Dr. Johannes Vogel. Ein Forschungsmuseum der Leibniz-Gesellschaft. Gründung 1810 (erste Anfänge vorher als königliche Wunderkammer). Größtes Naturkundemuseum Deutschlands. Die Vogelsammlung (Kurator Dr. Sylke Frahnert) enthält über 200 000 Objekte.

—

Naturhistorisches Museum Wien

Burgring 7, 1010 Wien, Österreich. www.nhm-wien.ac.at. Generaldirektorin Dr. Kathrin Vohland. Gründung um 1750 als naturhistorisches Hofmuseum. Die seit 1793 existierende Vogelabteilung (Kurator Dr. Swen Renner) enthält über 130 000 Objekte.

—

Senckenberg Naturmuseum Frankfurt

Senckenberg-Anlage 25, 60325 Frankfurt am Main. www.senckenberg.de. Generaldirektor Prof. Dr. Klement Tockner. Ein Forschungsmuseum der Senckenberg-Gesellschaft. Gründung 1821. Die Ornithologische Sammlung (Kurator Dr. Gerald Mayr) des Forschungsinstituts enthält ca. 125 000 Objekte.

—

Zoologisches Forschungsmuseum Alexander Koenig in Bonn

Adenauerallee 160, 53113 Bonn. www.leibniz-lib.de. Generaldirektor Prof. Dr. Bernhard Misof. Leibniz-Institut zur Analyse des Biodiversitätswandels (LIB). Gründung 1884. Die Ornithologische Sammlung (Kurator Dr. Till Töpfer) enthält ca. 93 000 Vogelobjekte und 85 000 Eier.

—

Naumann-Museum im Schloss Köthen (Anhalt)

Schlossplatz 5, 06366 Köthen. www.schlosskoethen.de. Geschäftsführerin der Köthen Kultur und Marketing GmbH Christine Friedrich. Gründung des herzoglichen Naumann-Museums 1821. Die Vogelsammlung (Kurator Bernhard Just) enthält mit den von Johann Friedrich Naumann selbst gesammelten bzw. erworbenen Präparaten insgesamt ca. 39 000 Objekte.

—

DANK

Dieses Buch verdankt sein Entstehen der Corona-Pandemie, die alles gesellschaftliche Leben verändert hat. Der weltweite Lockdown und die erzwungene Entschleunigung machten die Reisepläne des Tierfotografen wie auch die Auslandsprojekte der Textautoren zunichte. Was ging, waren Expeditionen hinter die Kulissen der Naturkundemuseen – in den Grenzen der Hygiene-Auflagen. Dies entpuppte sich als ungeahnte Überraschung, denn in den wissenschaftlichen Vogelsammlungen taten sich eigene, faszinierende Vogelwelten auf. So entstand mehr oder weniger spontan das Projekt »Museumsvögel«, doch seine Realisierung war nur mit der großartigen Unterstützung der Verantwortlichen möglich. Deshalb gilt unser erster Dank Herrn Prof. Johannes Vogel, Generaldirektor des Museums für Naturkunde in Berlin, Frau Dr. Katrin Vohland, Generaldirektorin des Naturhistorischen Museums Wien, Herrn Prof. Klement Tockner, Generaldirektor der Senckenberg Gesellschaft für Naturforschung in Frankfurt, Herrn Prof. Bernhard Misof, Direktor des Zoologischen Forschungsmuseums Alexander Koenig in Bonn, und Herrn Bernhard Just, Leiter des Naumann-Museums im Schloss Köthen.

Besonderer Dank gilt den außerordentlich hilfsbereiten Kuratoren und Sammlungsmitarbeitern: Sylke Frahnert und Pascal Eckhoff in Berlin, Swen Renner und Hans-Martin Berg in Wien, Gerald Mayr in Frankfurt, Till Töpfer in Bonn und Bernhard Just in Köthen. Sie fanden in ihren gigantisch großen Sammlungen selbst entlegenste Bälge auf Anhieb, ihnen war keine Frage zu lästig und kein Weg zu viel. Ebenso wertvoll war die tatkräftige Unterstützung etlicher Kollegen: am MfN in Berlin Sabine Hackethal, die ehemalige Leiterin der Historischen Arbeitsstelle, Carola Radke, Gesine Steiner, Sabine Schöppe und Andreas Kunkel, am NHM in Wien Alice Schumacher, ferner Gabriele Kaiser von der Staatsbibliothek zu Berlin. Historische Informationen erhielten wir freundlicherweise auch von Rothard Snethlage, Eugeniusz Nowak, Joachim Neumann sowie Dirk Tolkmitt. Stephane Ostroswski und die WCS, Csaba Moskat in Budapest sowie Sara Sezer und Greg Raml am AMNH in New York stellten uns Bildmaterial zur Verfügung. Till Töpfer diskutierte mit uns ausgiebig und geduldig viele Aspekte der musealen Ornithologie, Michael Wink half mit seinem fachlichen Rat in komplizierten taxonomischen Fragen, Bernd Leisler las dankenswerterweise das Manuskript. Coralie Wink, die Lektorin des Buches, hat die Texte scharfsinnig, feinfühlig, mit Humor und Klugheit bearbeitet. Dem Knesebeck-Verlag danken wir für die konstruktive und vertrauensvolle Zusammenarbeit. Der Art Director Fabian Arnet hat mit Feinsinn und meisterlicher Kreativität das Buch zur Augenweide gemacht und der Programmleiter Hans Peter Buohler hat dessen Entwicklung mit souveräner Geduld, großer Sympathie und Pragmatismus von den Anfängen bis zum Buchbinden begleitet.

Das Projekt »Museumsvögel« wäre ohne die Unterstützung und Geduld unserer Familien und Freunde nicht denkbar gewesen. Ihnen gilt unser ganz spezieller Dank.

VITEN

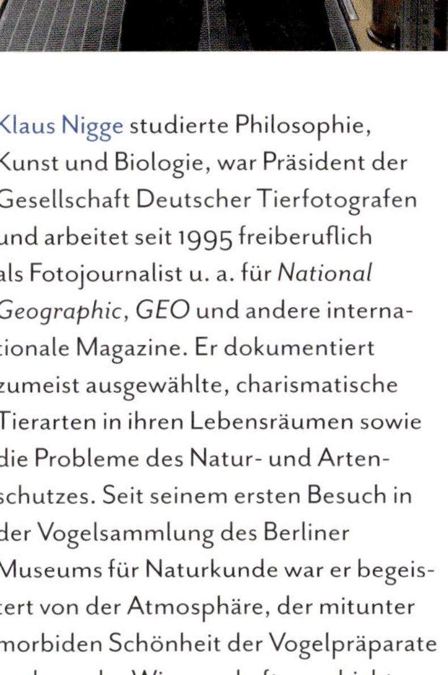

Klaus Nigge studierte Philosophie, Kunst und Biologie, war Präsident der Gesellschaft Deutscher Tierfotografen und arbeitet seit 1995 freiberuflich als Fotojournalist u. a. für *National Geographic*, *GEO* und andere internationale Magazine. Er dokumentiert zumeist ausgewählte, charismatische Tierarten in ihren Lebensräumen sowie die Probleme des Natur- und Artenschutzes. Seit seinem ersten Besuch in der Vogelsammlung des Berliner Museums für Naturkunde war er begeistert von der Atmosphäre, der mitunter morbiden Schönheit der Vogelpräparate und von der Wissenschaftsgeschichte, die allenthalben zu spüren ist.

Karl Schulze-Hagen ist Biologe und Arzt und führt somit ein Doppelleben. Schon als Student arbeitete er nebenher im Bonner Museum Alexander Koenig und untersuchte die Fortpflanzung von Singvögeln und Kuckuck. Mittlerweile erforscht er insbesondere die Geschichte der Ornithologie, wobei es ihm die unter Vogelkundlern nicht selten exzentrischen und passionierten Persönlichkeiten besonders angetan haben. Resultat seiner vielfältigen Studien sind über 100 Publikationen und sechs Bücher, darunter *Die Vogel-WG*. Zwei wurden in Großbritannien zum »Best Bird Book of the Year« gewählt.

Jürgen Fiebig, geboren 1952 in Berlin, war über 50 Jahre als zoologischer Präparator am Berliner Museum für Naturkunde tätig und betreute präparatorisch und restauratorisch vorrangig die größte deutsche wissenschaftliche Vogelsammlung. Er pflegt gute Kontakte zu vielen nationalen und internationalen großen Museumssammlungen, ist Mitglied im Verband Deutscher Präparatoren und erzielte in zahlreichen internationalen Berufswettbewerben viele Sonderpreise sowie einen Europa- und einen Weltmeistertitel.

Seite 2: Argusfasan *Argusianus argus*, Senckenberg Naturmuseum, Frankfurt.

Seite 5: Nestmulden und Gelege von Greifvögeln. Museum für Naturkunde, Berlin.

Seiten 8–9: Die Vielzahl der Singvogelgattungen. Naturhistorisches Museum Wien.

Seite 11: Schrank mit Singvögeln im Vogelsaal des Museums für Naturkunde, Berlin.

Seiten 52–53: Papageien, Eisvögel und ein Hoatzin. Museum Alexander Koenig, Bonn.

Seite 55: Schuhschnabel *Balaeniceps rex*, Museum für Naturkunde, Berlin.

Seiten 150–151: Hornvögel, Museum Alexander Koenig, Bonn.

Seite 153: Furchenhornvogel *Rhyticeros undulatus*, Museum für Naturkunde, Berlin.

Seiten 234–235: Fliegender und die Besucher beäugender Gänsegeier *Gyps fulvus* in den Hallen des Naturhistorischen Museums Wien.

Bildnachweis:

188 re © Alamy; 216 re © Archiv Institut für Vogelforschung, Wilhelmshaven; 14, 216 li © Archiv Karl Schulze-Hagen; 34 (von Martius, C. F. P. u. a.: Flora brasiliensis), 38 (Ward, H.: A voice from the Congo [1910]) 39, 160, 168 re, 169, 173 li, 180 li (Museum Heineanum) 184 (Wien Museum); 189 (State Library New South Wales, Australia); 213 unten (Universität Göttingen); 220, 224 li © Creative Commons; 17, 24, 39, 160, 168 re, 169, 173 li, 198, 200 li und re © Archiv Naumann-Museum, Köthen; 36 © Heinrich, G.: Vogel Schnarch (1932); 156 © Heritage Images; 24, 164, 176 oben, 181 © Historische Arbeitsstelle im Museum für Naturkunde Berlin; 193 © Jephson, A. J. M./Stanley, H. M.: Emin Pascha und die Meuterei in Äquatoria (1890); 176, 204, 205 © Journal für Ornithologie; 208 © Moskat, C.; 157 re (C. Radke), 174 (C. Radke) © Museum für Naturkunde Berlin; 185 re, 188 li © Naturhistorisches Museum, Wien; 165 Naumann, J. F.: Naturgeschichte der Vögel Mitteleuropas, Bd. 1 (1905); 177 © Schäfer, E.: Geheimes Tibet (1943); 172 © Snethlage, R.; 15, 35, 37, 161 li © Special Collections American Museum of Natural History, New York; 185 li © Spix, J. B./von Martius, C. F. P.: Reise in Brasilien (1831); 28 © WCS, Stephane Ostrowski; 21 © Willemsen 1943.

Leseempfehlungen:

Birkhead T. 2022: Birds and Us. London.
Hermannstädter A. (Hrsg.) 2015: Wissensdinge. Geschichten aus dem Naturkundemuseum. Berlin.
Kemp C. 2019: Die verlorenen Arten. München.
Schulze-Hagen K. & Kaiser G. 2020: Die Vogel-WG. München.
Williams T. D. 2020: What is a bird? Princeton.
Wink M. 2022: Ornithologie für Einsteiger und Fortgeschrittene. Berlin.

Deutsche Originalausgabe

Ein Unternehmen der Média-Participations

Projektleitung: Hans Peter Buohler, Knesebeck Verlag
Lektorat: Dr. Coralie Wink, Dossenheim
Gestaltung und Satz: Fabian Arnet, Knesebeck Verlag
Lithografie: Reproline mediateam, München
Herstellung: Arnold & Domnick, Leipzig
Druck: L.E.G.O., S.p.A., Vicenza
Printed in Italy

ISBN 978-3-95728-507-2

www.knesebeck-verlag.de